河南省中等职业教育规划教材
河南省中等职业教育校企合作精品教材

实用工具软件

河南省职业技术教育教学研究室　编

電子工業出版社
Publishing House of Electronics Industry
北京·BEIJING

内 容 简 介

本书是河南省校企合作精品教材，郑州市信息技术学校与河南通用信息技术有限公司合作，根据中职学生特点，从企业应用入手，以企业情景问题为背景引入，通过本书的学习，让学生从一个新手逐渐成长为电脑软件应用高手。本书内容主要包括系统维护、办公软件、多媒体、网络通信、移动客户端等方面的知识、技巧及应用案例。

本书可供中等职业学校计算机相关专业学生使用，也可作为相关专业初学者入门学习的辅导书和参考用书。

图书在版编目（CIP）数据

实用工具软件 / 河南省职业技术教育教学研究室编. —北京：电子工业出版社，2015.8
河南省中等职业教育规划教材　河南省中等职业教育校企合作精品教材

ISBN 978-7-121-26798-7

Ⅰ. ①实… Ⅱ. ①河… Ⅲ. ①软件工具—中等专业学校—教材 Ⅳ. ①TP311.56

中国版本图书馆 CIP 数据核字（2015）第 173749 号

策划编辑：关雅莉
责任编辑：郝黎明
印　　刷：北京虎彩文化传播有限公司
装　　订：北京虎彩文化传播有限公司
出版发行：电子工业出版社
　　　　　北京市海淀区万寿路 173 信箱　邮编　100036
开　　本：787×1 092　1/16　印张：12.5　字数：320 千字
版　　次：2015 年 8 月第 1 版
印　　次：2024 年 2 月第 11 次印刷
定　　价：30.00 元

凡所购买电子工业出版社图书有缺损问题，请向购买书店调换。若书店售缺，请与本社发行部联系，联系及邮购电话：（010）88254888。

质量投诉请发邮件至 zlts@phei.com.cn，盗版侵权举报请发邮件至 dbqq@phei.com.cn。

服务热线：（010）88258888。

河南省中等职业教育校企合作精品教材

出版说明

为深入贯彻落实《河南省职业教育校企合作促进办法（试行）》（豫政[2012]48 号）精神，切实推进职教攻坚二期工程，我们在深入行业、企业、职业院校调研的基础上，经过充分论证，按照校企"1+1"双主编与校企编者"1：1"的原则要求，组织有关职业院校一线骨干教师和行业、企业专家，编写了河南省中等职业学校计算机应用专业的校企合作精品教材。

这套校企合作精品教材的特点主要体现在：一是注重与行业联系，实现专业课程内容与职业标准对接，学历证书与职业资格证书对接；二是注重与企业的联系，将"新技术、新知识、新工艺、新方法"及时编入教材，使教材内容更具有前瞻性、针对性和实用性；三是反映技术技能型人才培养规律，把职业岗位需要的技能、知识、素质有机地整合到一起，真正实现教材由以知识体系为主向以技能体系为主的跨越；四是教学过程对接生产过程，充分体现"做中学，做中教""做、学、教"一体化的职业教育教学特色。我们力争通过本套教材的出版和使用，为全面推行"校企合作、工学结合、顶岗实习"人才培养模式的实施提供教材保障，为深入推进职业教育校企合作做出贡献。

在这套校企合作精品教材编写过程中，校企双方编写人员力求体现校企合作精神，努力将教材高质量地呈现给广大师生，但由于本次教材编写进行了创新，书中难免会存在不足之处，敬请读者提出宝贵意见和建议。

河南省职业技术教育教学研究室

2015 年 5 月

河南省中等职业教育校企合作精品教材

编写委员会名单

主　任：尹洪斌

副主任：董学胜　　黄才华　　郭国侠

成　员：史文生　　宋安国　　康　坤　　高　强

　　　　冯俊芹　　田太和　　吴　涛　　张　立

　　　　赵丽英　　胡胜巍　　曹明元

前言

随着科技的不断进步，计算机已经成为人们工作、学习、生活以及休闲娱乐中不可缺少的重要部分，掌握计算机的基本应用已经成为新世纪人们的重要技能之一。人们对计算机应用水平的要求越来越高，不再满足于简单的文字处理和上网浏览信息等基本操作，而是想利用计算机来解决工作、学习中所遇到的问题，提高工作效率，这就要用到"计算机常用工具软件"。本书是依据教育部颁布的中等职业学校计算机及应用专业教学指导方案教学基本要求，并结合河南省的教学实际与计算机行业的岗位需求而编写的。在编写中，力求突出以下特色。

1．行业对接。本书突出职业特色，吸纳职业要求和职业资格标准，既能满足学生获得学历证书的需要，又满足学生获得职业资格证书的需要。这本书主要针对中职中"计算机应用"相关专业的学生，考取资格证书所需知识点均可以在本教材中学习到，把职业标准和能力要求转化成了教学目标。实现了职业教育与职业标准对接，学历证书与职业资格证书对接。

2．情境教学。结合中等职业学校教学实际，以"必须、够用"为原则，结合企业实际情境降低了理论难度。本书中为"张明"这位职场菜鸟请了一位老师"雷军"，项目案例教学，设置真实的企业情境，真实的案例教学，真实的企业中使用的软件，使"张明"在企业的氛围中快速成长。

3．突出操作。体现以应用为核心，以培养学生实际动手能力为重点，力求做到学与教并重，科学性与实用性相统一，紧密联系生活、生产实际，将讲授理论知识与培养操作技能有机地结合起来。本书通篇贯穿整个工具软件学习过程，和生产实践相结合，操作性强，理论内容适当，体现了面向就业的教学思想。

4．结构合理。本书紧密结合职业教育的特点，借鉴近年来职业教育课程改革和教材建设的成功经验，在内容编排上采用了项目引领、任务驱动的设计方式，符合学生心理特征和认知、技能养成规律。本书中每一个项目均由若干任务构成，将知识点融于任务之中，且注重知识和技能的迁移，有利于激发学生学习的积极性。

5．教学适用性强。本书将每个项目细化成数个不同的任务，每个任务设计有任务目标、任务描述、操作步骤、知识链接等内容，帮助学生对任务及任务重涉及的知识充分理解，更有利于教师教学和学生自学。

本书《常用工具软件》共分为5个项目，每个项目中涵盖了不同数量的任务。项目中包含项目目标、项目描述、任务目标、任务描述、操作步骤、项目小结。项目一主要介绍系统维护工具的使用，项目二主要介绍职场中主要办公软件的使用，项目三主要介绍多媒体工具软件的使用，项目四主要介绍办公网络的应用，项目五主要介绍移动客户端工具软件的使用。

PREFACE

本书教学时数为 72 学时，在教学过程中可参考以下课时分配表进行课时分配。

项　目	课程内容	课程分配		
		讲　授	实　训	合　计
项目 1	系统维护	4	6	10
项目 2	轻松职场从办公软件开始	6	12	18
项目 3	多媒体工具软件的使用	4	10	14
项目 4	办公网络应用	4	8	12
项目 5	移动客户端工具软件的使用	4	6	10
	综合实训		8	8

本书由董丽红和祝孔全担任主编，刘诗鹏担任副主编。参加本书编写的有董丽红、刘诗鹏、王华、梁爽、杨爽。

由于作者水平所限，书中难免有瑕疵之处，敬请读者批评指正。

编　者

2015 年 4 月

目录

CONTENTS

📖 项目目标

1. 了解系统维护的基本知识。
2. 掌握使用 Ghost 软件进行系统安装/备份的方法。
3. 掌握使用驱动精灵安装/备份本机驱动程序的方法。
4. 掌握优化系统的方法。
5. 掌握数据恢复的基本方法。
6. 掌握闪存盘（即 U 盘）启动盘的制作及使用方法。

📝 项目描述

本项目中通过 5 个任务了解了 Windows 操作系统维护的基本知识，包括快速安装 Windows 系统、快速安装驱动程序、系统优化、数据恢复、制作 U 盘启动盘等，通过这些软件的学习，使读者从计算机"菜鸟"逐步成长为一个"高手"，以便在计算机系统出现故障时进行维护。

任务 1　快速安装系统

🌐 任务目标

1. 掌握 Ghost 软件的安装的方法。
2. 掌握使用 Ghost 软件备份/还原系统的方法。

✒️ 任务描述

张明是一名刚入职的大学生，在一家销售公司工作。工作之余，他酷爱计算机游戏。他的计算机由于经常安装/卸载游戏，残留了不少系统垃圾，系统运行速度变慢，而且经常在使用过程中弹出一些窗口，于是张明想重新安装操作系统。有人说用 Ghost 软件重新安装操作系统又快又简单，张明想学习一下，请了公司的计算机高手雷军来帮他安装操作系统并讲解。在雷军的操作和讲解过程中，张明进行了学习。

操作步骤

1. Ghost 的安装与运行

步骤 1：8.5 版本以下的 Ghost 软件只能运行在 DOS 环境下（即命令提示符环境下），8.5 以上的 Ghost 版本可以直接在 Windows 环境下运行。使用 Ghost 进行 Windows 操作系统重装时，通常把 Ghost 文件复制到含有 Ghost 系统镜像文件的启动 U 盘中，或者将 Ghost 软件刻录到含有 Ghost 系统镜像文件的启动光盘中，用启动 U 盘或者启动光盘启动计算机并进入 DOS 环境后，在命令行提示符下输入 Ghost，按【Enter】键即可运行 Ghost。首先进入的是 Ghost 软件的版本号、版权等信息介绍界面，如图 1-1-1 所示。

步骤 2：单击"OK"按钮，进入 Ghost 软件的主界面，如图 1-1-2 所示，高亮的单词为光标所在位置，通过键盘上的 4 个方向键、【Tab】键可移动光标位置，按【Enter】键表示确认执行。

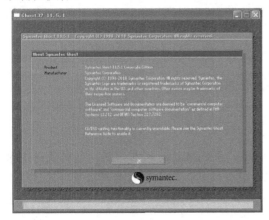
图 1-1-1　Ghost 软件信息介绍界面

图 1-1-2　Ghost 软件主界面

2. 使用 Ghost 软件恢复系统

当计算机系统因为某种原因速度变慢或者系统崩溃时，如果有 Ghost 系统安装光盘，便可用 Ghost 来安装系统，方法如下。

步骤 1：用 Ghost 系统安装光盘启动系统，运行 Ghost，当进入运行界面时执行"Local"→"Partition"→"From Image"命令，如图 1-1-3 所示。

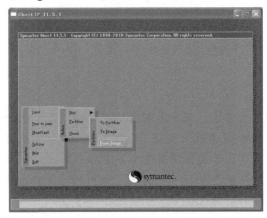
图 1-1-3　执行"From Image"命令

步骤 2：当光标在"From Image"上时按【Enter】键，进入如图 1-1-4 所示界面。

步骤 3：按【Tab】键可使光标在不同的文本框中跳转，按【↓】键可以出现下拉选项或者向下移动光标，按【↑】键可向上移动光标。在"Files of type"下拉列表框中选择文件类型为"*.GHO"，在"Image file name to restore from"对话框中，选择相应的磁盘，因为这里是通过 U 盘或者光盘来启动恢复系统的，所以应选择相应的磁盘，选择后列表框中会列出该磁盘的文件，找到扩展名为".GHO"的文件，将光标移至其上，使其文件名高亮显示，按【Enter】键进行选择，可进入如图 1-1-5 所示的界面。

图 1-1-4　选择相应磁盘

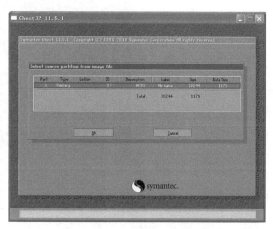

图 1-1-5　"Seleet source partition
from image file"对话框

步骤 4：在"Select source partition from image file"对话框中选择"Type"为"Primary"的分区，使其显示为蓝色，按【Tab】键，将光标移动至"OK"按钮，按【Enter】键，进入如图 1-1-6 所示的界面。

步骤 5：在"Select local destination drive by clicking on the drive number"对话框中，选择要安装系统的分区所在的磁盘（一般情况下是 Drive 编号为 1 的磁盘），移动光标至"OK"按钮，按【Enter】键，进入如图 1-1-7 所示的界面。

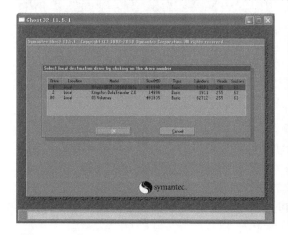

图 1-1-6　"Select local destination drive by
clicking on the drive number"对话框

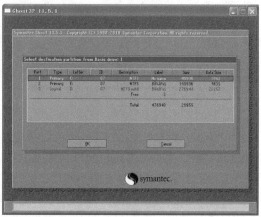

图 1-1-7　"Select destination partition
from Basic driver:1"对话框

步骤 6：在"Select destination partition from Basic drive:1"对话框中，选择要安装系统的分区（系统分区的 Type 为 Primary，如果有多个 Primary 分区，则可根据"Size"中不同分区的大小来确定系统要安装在哪一个分区中），选定后移动光标至"OK"按钮，按 Enter键，进入如图 1-1-8 所示的界面。

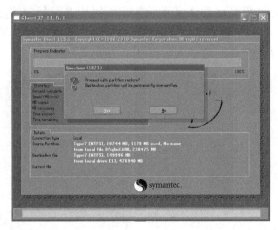

图 1-1-8　执行分区恢复过程提示对话框

步骤 7：图 1-1-8 所示的"Proceed with partition restore？Destination partition will be permanently overwritten（要执行分区恢复的过程吗？目标分区将被永久重写）"，要求确定是否执行分区恢复的过程，单击"Yes"按钮，确认操作，即可进入如图 1-1-9 所示的界面，开始系统恢复。当进度条到达 100%时进入如图 1-1-10 所示的界面。

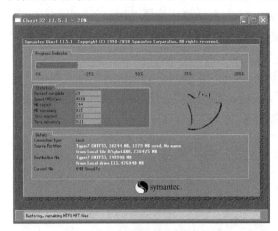
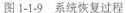

图 1-1-9　系统恢复过程

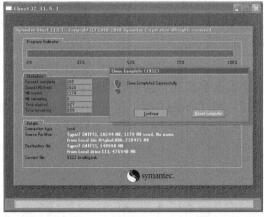

图 1-1-10　Windows 操作系统重装完成

步骤 8：单击"Reset Computer"按钮，计算机将重新启动，使用 Ghost 镜像盘重装装 Windows 操作系统的过程至此即可完成。

3. 使用 Ghost 软件备份系统

对于一台正常运行的计算机来说，还可以使用 Ghost 软件把系统备份成一个文件，当系统损坏时可用这个备份文件快速恢复系统，方法如下。

步骤 1：如图 1-1-11 所示，进入 Ghost 软件界面，执行"Local"→"Partition"→"To Image"命令，按【Enter】键。

步骤2：进入如图 1-1-12 所示界面，在"Select local source drive clicking on the drive number"对话框中，"Model"列为磁盘名称，"Drive"列为磁盘编号。选择系统分区所在的磁盘，使用 Tab 键移动光标至"OK"按钮，按 Enter 键，进入如图 1-1-13 所示界面。

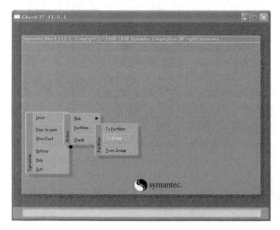
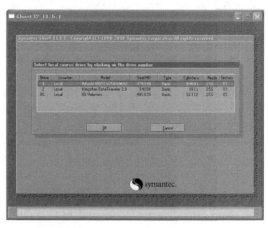

图 1-1-11　执行"To Image"命令　　　　图 1-1-12　"Sleece local source drive clicking on the drive number"对话框

步骤3：在"Select source partition（s）from Basic drive:1"对话框中，移动光标选择系统所在的分区，单击"OK"按钮，进入如图 1-1-14 所示界面。

步骤4：在图 1-1-14 的"File name"文本框中，给要生成的备份文件取一个名称，移动光标到"Save"按钮，按 Enter 键，进入如图 1-1-15 所示界面。

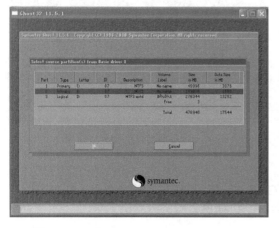
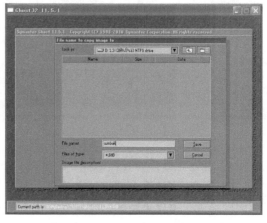

图 1-1-13　"Select source partition(s) from Basic drive:1"对话框　　　　图 1-1-14　给要生成的备份文件命名

步骤5：在图 1-1-15 中，如果继续进行系统备份的过程，则此时有 3 个按钮，"High"表示采用最高压缩率进行备份，"Fast"表示采用快速备份，"No"表示退出当前的备份过程。单击"High"或者"Fast"按钮后，将继续系统备份的过程，进入如图 1-1-16 所示界面。

步骤6：在图 1-1-16 中单击"Yes"按钮再次确认操作，将开始进行系统备份，单击"No"按钮会退出备份过程。

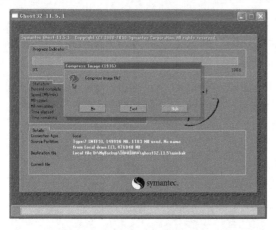

图 1-1-15　选择备份类型提示

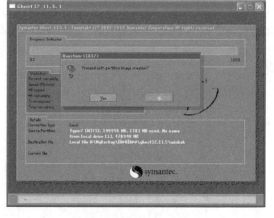

图 1-1-16　确认进行备份操作提示

步骤 7：图 1-1-17 所示为备份的过程，进度条到达 100% 时备份完成。蓝色文本框中显示了备份完成的百分比、备份速度、已用时间、剩余时间等信息。

步骤 8：备份成功时会弹出"Image Creation Completed（1925）"对话框，如图 1-1-18 所示。单击"Continue"按钮，即可返回 Ghost 软件的主界面，此时退出软件即可。

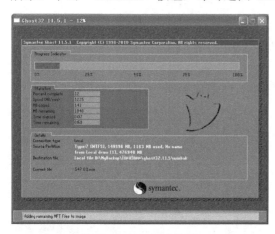

图 1-1-17　备份过程

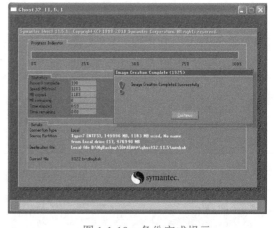

图 1-1-18　备份完成提示

4．Ghost 软件的其他功能

除了快速安装系统和系统备份外，利用 Ghost 软件还可以进行整个磁盘的快速复制、利用网络进行磁盘复制等，有兴趣的读者可自行钻研使用。

 **知识链接**

1．Ghost 软件

Ghost 软件是美国赛门铁克公司推出的一款硬盘备份/还原工具，可以实现对 FAT16、FAT32、NTFS、OS2 等多种硬盘分区格式的分区及硬盘的备份还原。

2．Ghost 软件中的主要单词

Disk：磁盘。

Partition：分区，在操作系统中，每个盘符对应着一个分区。

Image：镜像，镜像是 Ghost 软件备份分区或磁盘内容的文件格式，扩展名为.GHO。

Peer To Peer：点对点。

Master：主要的。

Slave：从属的。

Source：源。

Destination：目标。

任务2 安装驱动

 任务目标

1．掌握驱动精灵的下载与安装方法。

2．熟练使用驱动精灵安装本机的驱动程序。

3．熟练使用驱动精灵备份与还原本机的驱动程序。

 任务描述

Microsoft 公司停止了对 Windows XP 的支持，张明也想试试 Windows 7 的新功能，因此在同事雷军那里借了一张 Windows 7 的安装盘，系统装好后，却发现计算机没有声音，显示的画面也很粗糙，这为什么呢？他请教了雷军，雷军说这是因为没有安装声卡和显卡的驱动，建议他下载驱动精灵软件安装驱动。

 操作步骤

1．驱动精灵的下载、安装和卸载

步骤 1：可以在驱动精灵的官方网站下载。打开"http://www.drivergenius.com"，可以看到，驱动精灵有标准版、万能网卡版、急速装机版等版本，这里应下载万能网卡版。双击安装图标，进入如图 1-2-1 所示界面。

图 1-2-1　"驱动精灵"安装界面

步骤 2：驱动精灵默认的安装路径为 C:\Program File（x86）\MyDrives\Drivergenius，

可单击"更改路径"按钮进行更改；单击"安装选项"按钮后可更改驱动程序下载后存放的路径，默认为"D:\MyDrives"。设定完毕后单击"一键安装"按钮，即可进入安装过程，安装完成后自动进入软件的主界面，如图1-2-2所示。

步骤3：驱动精灵的卸载有两种方法，一是通过选择"开始"→"驱动精灵"→"卸载驱动精灵"选项进行卸载，二是打开"控制面板"窗口，在"程序和功能"中找到"驱动精灵"，在单击右键弹出的快捷菜单中单击"卸载/更改"按钮，即可进行卸载。

图1-2-2 "驱动精灵"主界面

2. 驱动精灵的使用

步骤1：在图1-2-2中可以看到，驱动精灵主界面顶端的蓝色部分为菜单栏，下面是对应菜单的内容。在"基本状态"标签中单击"一键体验"按钮，可以查看计算机驱动的安装情况，如果还没有安装驱动，使用"一键装机"功能即可，如图1-2-3所示。

图1-2-3 驱动"一键装机"过程

步骤2："驱动程序"标签中提供了"标准模式""驱动微调""备份还原"3个功能，如图1-2-4所示。

步骤3：在"标准模式"下，可单击某个驱动程序右侧的"安装"按钮来安装某个硬件驱动，或者选中想要安装驱动的硬件的复选框，单击页面右下角的"一键安装"按钮来安装所有被选中的驱动程序；不管是单击"安装"按钮还是"一键安装"按钮，驱动精灵都要通过网络下载相应的驱动程序进行安装。如果当前状态下计算机没有接入Internet，则无法完成相应驱动程序的安装。

图 1-2-4 "驱动程序"菜单下的功能

步骤 4：如图 1-2-5 所示，在"驱动微调"模式下，可以对已经安装好的驱动进行调整。当选中某个硬件时，会列出该硬件的驱动信息，并可以选择不同的驱动版本以更好地兼容当前的操作系统。

步骤 5："备份还原"功能可以在安装完本机的驱动后，将驱动备份至本机，如果再次安装系统，则可以利用该功能还原驱动，不用再次从网上下载安装，如图 1-2-6 所示。如果想改变或者查看驱动程序备份后所在的路径，可单击右下角的"路径设置"按钮，弹出"设置"对话框，如图 1-2-7 所示，修改后单击"确定"按钮即可。

图 1-2-5 "驱动微调"功能的应用

图 1-2-6 "备份还原"功能

图 1-2-7 设置驱动下载路径

步骤6："系统助手"功能可以解决一些常见的计算机故障，"驱动助手"可解决如计算机没有声音、显示异常、打印机无法打印、连不上网络等问题，如图1-2-8所示。

图1-2-8 "驱动助手"功能

步骤7："软件管理"功能可用以安装各种软件或者卸载不需要的软件，如图1-2-9所示。

步骤8："垃圾清理"功能可以清理系统中的各种垃圾文件，以提升系统运行效率或者释放磁盘空间，如图1-2-10所示。

图1-2-9 "软件管理"功能　　　　　　　　　图1-2-10 "垃圾清理"功能

步骤9："硬件检测"功能可以查看计算机中硬件的详细信息，并可查看CPU、硬盘、芯片组等器件的温度，如图1-2-11所示。

图1-2-11 "硬件检测"功能

步骤 10："百宝箱"中除了提供驱动精灵的驱动备份、驱动微调等基本功能外，还提供了数据恢复、浏览器设置、网址大全等其他服务供用户使用，如图 1-2-12 所示。

图 1-2-12 "百宝箱"及其中的功能

 知识链接

1. 驱动精灵的版本

驱动精灵分为标准版、万能网卡版、急速装机版，几个版本的区别仅在于离线模式下的网卡驱动自动安装功能及集成驱动的多少。

2. 驱动程序

驱动程序的功能是沟通操作系统和硬件。操作系统（如 Windows）是没有办法直接使计算机的硬件（如显卡、声卡等）按照用户的意愿工作的，而驱动程序就是操作系统和硬件之间的桥梁，它负责把硬件的功能、状况告诉操作系统，又负责把操作系统的命令告诉硬件，协调两者，以使计算机能够正常工作。

3. 更新驱动程序

最新版本的驱动程序一般有以下特点。

（1）修复了以前的驱动程序的漏洞。

（2）改进了"沟通效率"，能使硬件和操作系统配合得更好，工作更稳定、更快速。

（3）附带的功能可以更加多元化，如显卡的控制台，软件的旧版本可能只能调节分辨率，新版本则增加了"省电模式"等新功能。

所以，有必要将驱动程序更新到最新版本，以便更好地发挥硬件的功能。当然，这并不是绝对的，对于某些早期生产的硬件，即使规格看起来同后来生产的硬件基本一致，也不一定能使用新版驱动带来的全部功能。

任务 3 优化系统

 任务目标

1. 熟练使用 Windows 优化大师进行系统优化。
2. 熟练使用 Windows 优化大师进行系统清理。
3. 熟练使用 Windows 优化大师进行系统维护。

任务描述

张明经常玩网上的小游戏,一段时间后,他发现计算机启动变得很慢,要花费将近2min才能完成启动,而在使用过程中经常会弹出广告。张明的同事雷军是一名网管。张明向雷军请教怎么解决这个难题,雷军向张明推荐了系统优化软件——Windows 优化大师,并向他讲解了 Windows 优化大师的功能和用法。

操作步骤

1. Windows 优化大师的下载和安装

Windows 优化大师是一款体积小巧的共享软件,可到其官方网站"Http://www.youhua.com"下载,或者直接在搜索引擎上搜索"Windows 优化大师"进行下载。下载后直接安装即可,安装界面如图 1-3-1 所示,安装过程中可按默认设置单击"下一步"按钮,直至安装完成,如图 1-3-2 所示。

图 1-3-1　"Windows 优化大师"安装界面　　图 1-3-2　"Windows 优化大师"安装完成界面

2. Windows 优化大师的界面

Windows 优化大师启动后的主界面如图 1-3-3 所示。

图 1-3-3　"Windows 优化大师"主界面

（1）模块选择。

Windows 优化大师有四大功能模块，包括系统检测、系统优化、系统清理和系统维护。

（2）功能选择。

Windows 优化大师四大功能模块下有具体的小模块，详细说明可参照各模块的功能说明。

（3）功能按钮。

这里陈列着各个功能选择模块中具有的功能按钮，以方便用户操作。

（4）信息与功能应用显示区。

当选择到具体功能模块时，这里会显示详细的、完整的模块信息；根据功能模块的不同，该区域会显示不同的信息内容。

3．Windows 优化大师的使用

Windows 优化大师提供了"一键优化"和"一键清理"功能，这是为了方便用户使用而设计的，对于计算机初级使用者来说，可使用"一键优化"和"一键清理"功能。但是，使用"一键优化"和"一键清理"功能整理的计算机不能体现个性，最好先一键优化，再分项目进行手动优化，如开机后会自动设为"15 秒"，应手动设为"直接进入"；又如，一键优化可能对网络设置进行设定，也可能不设定，要手动设置。手动设置要仔细看其说明，按个人使用要求而定，这样优化后系统运行效果要好得多。下面介绍如何手动使用 Windows 优化大师。

（1）系统信息检测功能。

该功能向使用者提供系统的硬件、软件情况报告，同时提供系统性能测试帮助使用者了解系统的 CPU/内存速度、显卡速度等。该功能有"系统信息总览""软件信息列表""更多硬件信息"3 个子模块。这里的检测结果用户可以保存为文件以便今后对比和参考。在检测过程中，"Windows 优化大师"会对部分关键指标提出性能提升建议，如图 1-3-4 所示。

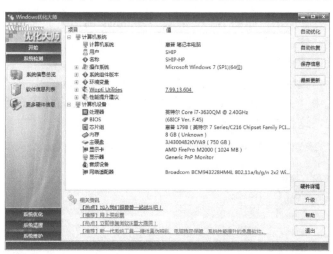

图 1-3-4　"Windows 优化大师"对部分关键指标提出性能提升建议

（2）系统优化功能。

优化功能是 Windows 优化大师最基本的功能，Windows 优化大师能够全面地优化系统，根据检测到的系统软件、硬件情况自动将系统调整到最佳工作状态。

Windows 优化大师的优化内容非常全面，包括磁盘缓存优化、桌面菜单优化、文件系统优化、网络系统优化、开机速度优化、系统安全优化、个性设置、后台服务等，并能够为用户提供简便的自动优化向导，能够根据检测分析到的用户计算机软、硬件配置信息进行自动优化。为了防止误操作等导致系统故障，Windows 优化大师的所有优化项目均提供了备份及恢复功能，用户若对优化结果不满意则可以使用一键恢复功能。

步骤 1：磁盘缓存优化。如图 1-3-5 所示，"输入/输出缓存大小"可按照计算机内存大小进行选取，"内存性能配置"建议设置为最低；下面的各个选项可以根据喜好选择，如果有推荐的，建议用户选择已推荐选项；单击"设置向导"按钮后进入自动优化过程，单击"下一步"按钮进行选择即可，单击"内存整理"按钮后可以进行快速整理和深度整理；"恢复"按钮用于优化到先前状态；设置完以上内容后单击"优化"按钮即可生效。

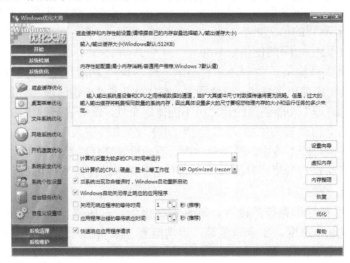

图 1-3-5　磁盘缓存优化

步骤 2：桌面菜单优化。如图 1-3-6 所示，Windows 优化大师提供了以下几种功能。

开始菜单速度：建议将该值设置为最快。

菜单运行速度：建议将该值设置为最快。

桌面图标缓存：建议将该值设置为 500KB（Windows 默认值）。

同时，还可选中"关闭菜单特效及动画提示""关闭桌面窗体管理器（DWM）窗体动画特效"等复选框，这也有助于加速 Windows 的运行。

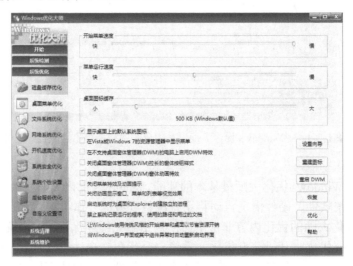

图 1-3-6　桌面菜单优化

步骤 3：文件系统优化。如图 1-3-7 所示，在"二级数据高级缓存"选项组中单击"自动匹配"按钮即可；下面的选项可根据自己的需求选择，以上操作完成后单击"优化"按钮即可。

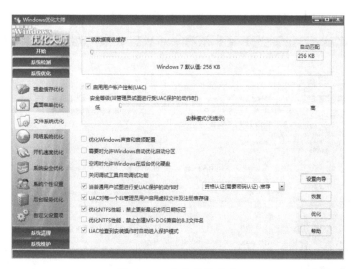

图 1-3-7　文件系统优化

步骤 4：网络系统优化。如图 1-3-8 所示，上网方式可根据自己的网络提供商进行选择；下面的选项可根据自己的需求选择。

图 1-3-8　网络系统优化

步骤 5：开机速度优化。如图 1-3-9 所示，"Windows 7 启动信息停留时间"可以设置为 5～10s，时间不要太少，因为这样不利于系统启动；在"请勾选开机时不自动运行的项目"选项组中建议保留系统的项目和杀毒软件，其他项目建议勾选，设置好后单击"优化"按钮，修改可以单击"恢复"按钮进行。

步骤 6：系统安全优化。如图 1-3-10 所示，"分析及处理选项"选项组中的复选框建议全部选中，然后单击其右侧的"分析处理"按钮进行分析；选中"隐藏自己的共享文件夹"复选框，"禁止系统自动启用服务器共享"复选框，单击"优化"按钮。"附加工具"按钮用于侦听 IP 信息；"开始菜单"按钮用于选择"开始"菜单中的显示项目；"应用程序"按钮用于设置"开始"菜单的程序中的显示内容；"控制面板"按钮用于隐藏控制面板中的项目；"收藏夹"按钮用于对收藏夹进行管理；"更多设置"按钮用于对注册表等进行安全设置；"共享管理"按钮用于对计算机共享文件夹进行管理。

图 1-3-9　开机速度优化

图 1-3-10　系统安全优化

步骤 7：系统个性设置。如图 1-3-11 所示，可以进行右键设置、桌面设置，根据自己喜好进行设置即可，设置完成后单击"设置"按钮。

步骤 8：后台服务优化。如图 1-3-12 所示，可以查看、启用或关闭后台服务项目。

步骤 9：自定义设置项。如图 1-3-13 所示，可以根据个人需要通过增加或删除注册表范例组来自定义设置。

图 1-3-11　系统个性设置

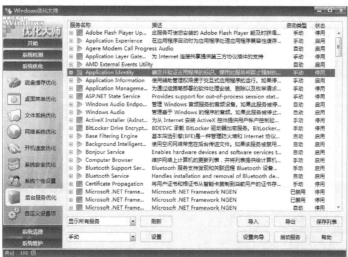

图 1-3-12　后台服务优化

图 1-3-13　自定义设置项

（3）系统清理功能。

步骤 1：注册信息清理。如图 1-3-14，Windows 优化大师可以扫描所选择的各种信息。建议选中全部复选框，单击"扫描"按钮，扫描完成后单击"全部删除"按钮，扫描的文件可以全部清理（也可以备份），一般是安全的，删除之前可先做备份。

图 1-3-14　注册信息清理

步骤 2：磁盘文件管理。如图 1-3-15 所示建议选中全部复选框，单击"扫描"按钮，扫描结束后会列出检测到的磁盘垃圾。单击"全部删除"按钮，系统会删除这些文件。也可以查看硬盘信息、选择扫描选项、设置垃圾文件的类型、删除选项等。

图 1-3-15　磁盘文件管理

步骤 3：冗余 DLL 清理。如图 1-3-16 所示，一部分软件卸载后，并没有将安装的动态链接库文件（即 DLL 文件）从系统中进行相应的删除。随着用户安装/卸载的程序的增多，硬盘中可能会有冗余的动态链接库存在。这些冗余的 DLL 没有用处，并且占用磁盘空间，因此可以定期清理。

图 1-3-16　冗余 DLL 清理

　　步骤 4：ActiveX 清理。如图 1-3-17 所示，单击"分析"按钮，Windows 优化大师会自动分析硬盘中的 ActiveX/COM 组件是否有效。检查完毕后，使用者可以在分析结果列表中选择绿色图标的 ActiveX/COM 组件进行修复。在修复时，Windows 优化大师会自动对该组件的相关信息（注册信息、文件等）进行备份，若修复后遇到问题，则用户可以单击"恢复"按钮，进入 Windows 优化大师自带的备份与恢复管理器恢复该组件。注册用户可单击"全部修复"按钮修复分析结果中可安全修复的全部项目，若分析结果中没有可安全修复的项目，则"全部删除"按钮为灰色，处于不可单击状态。

图 1-3-17　ActiveX 清理

　　步骤 5：软件智能卸载。如图 1-3-18 所示，在卸载应用程序时，可能会碰到以下几种情况：一是软件的卸载程序已被损坏，导致卸载失败，用户不得不直接删除该应用程序；二是对于部分绿色软件，由于其在运行过程中动态生成了部分临时文件或更改了用户的注册表，直接删除会在系统中留下冗余信息。时间久了之后，这两种情况会导致使用者的系统越来越臃肿，降低运行速度。Windows 优化大师的"软件智能卸载"功能能够自动分析指定软件在硬盘中关联的文件及在注册表中登记的相关信息，并在压缩备份后予以清除。用户在卸载完毕后如果需要重新使用或遇到问题，可以随时从 Windows 优化大师自带的备份与恢复管理器中将已经卸载的软件恢复。

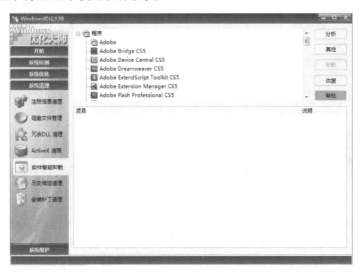

图 1-3-18　软件智能卸载

步骤 6：历史痕迹清理。如图 1-3-19 所示，在日常使用中，系统会记录用户的操作历史以便下次操作，但也有泄漏用户隐私的危险，特别是在公用的计算机中。"历史痕迹清理"模块可以帮助用户清除这些历史记录，一方面保护了用户的隐私，另一方面也使系统更加干净，进一步提高了运行速度。

图 1-3-19　历史痕迹清理

步骤 7：安装补丁清理。如图 1-3-20 所示，单击"分析"按钮，可帮助用户快速找出此类冗余条目。找到此类条目后，将在分析结果列表中显示，用户可通过列表查看安装文件名、大小、创建时间、说明等信息。分析结束后，用户可选中要删除的条目后单击"删除"按钮。也可以单击"全部删除"按钮来删除所有条目。建议单击"全部删除"按钮，清理所有分析出来的冗余安装补丁，这些无需备份，可直接删除。

图 1-3-20 安装补丁清理

（4）系统维护。

系统维护模块包括系统磁盘医生、磁盘碎片整理、驱动智能备份和系统维护日志等功能。

步骤 1：系统磁盘医生。如图 1-3-21 所示，系统磁盘医生功能不仅能帮助使用者检查和修复由于系统死机、非正常关机等原因引起的文件分配表、目录结构、文件系统等系统故障，更能自动快速检测系统是否需要做以上检查工作，以帮助用户节约大量的时间。该功能的用法非常简单，进入系统磁盘医生界面，选择要检查的磁盘，单击"检查"按钮即可。用户可以一次选择多个磁盘（分区）进行检查，在检查过程中用户也可以随时终止检查。

图 1-3-21 系统磁盘医生

步骤 2：磁盘碎片整理。如图 1-3-22 所示，系统使用的时间较长后会产生磁盘碎片，过多的碎片不仅会导致系统性能降低，还可能造成存储文件的丢失，严重时，甚至缩短硬盘使用寿命。在进行磁盘碎片分析和整理以前，应确认使用了管理员组的成员登录计算机。

首先，单击"分析"按钮对卷进行分析。分析完毕后，会弹出一个对话框提示该卷中碎片文件和文件夹的百分比，以及建议是否进行碎片整理。建议用户按分析报告中"Windows优化大师建议"进行后续操作。建议用户定期（如每月一次）对卷进行分析，但只有在得到 Windows 优化大师需进行磁盘碎片整理建议时才能进行碎片整理。

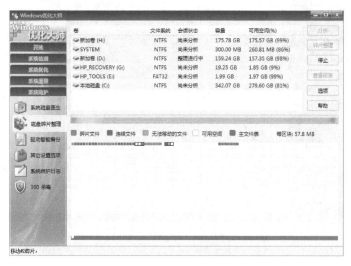

图 1-3-22　磁盘碎片整理

步骤 3：驱动智能备份。如图 1-3-23 所示，窗口的上方列出了 Windows 优化大师检测到的需备份的设备驱动程序（注意，列出的驱动程序均为非 Microsoft Windows 安装盘所包含的程序），列表内容包括驱动程序描述和驱动程序类型。选中列表中要备份的驱动程序复选框，单击"备份"按钮即可开始备份。

注意

Windows 优化大师若检查到该驱动已经进行过备份，会提示用户是否还要备份，若不需要重复备份，则单击"取消"按钮即可。备份结束后，只要用户没有删除该备份文件，用户可以在任何时候单击"恢复"按钮进入 Windows 优化大师自带的备份与恢复管理器恢复该驱动程序。

图 1-3-23　驱动智能备份

步骤 4：其他设置选项。如图 1-3-24 所示，Windows 优化大师提供了禁止/使用指定的 ActiveX 插件安装、界面设置、系统文件备份与恢复等功能，可根据需要选择使用。

图 1-3-24　其他设置选项

步骤 5：系统维护日志。如图 1-3-25 所示，每次使用 Windows 优化大师的系统维护功能对计算机所做的修改都会在日志中记录，如有需要可在此查询。

图 1-3-25　系统维护日志

🧱 知识链接

1．Windows 优化大师

Windows 优化大师是一款功能强大的系统工具软件，它提供了全面、有效且简便安全的系统检测、系统优化、系统清理、系统维护四大功能模块及数个附加的工具软件。使用 Windows 优化大师，能够有效地帮助用户了解自己的计算机软硬件信息；简化操作系统设置步骤；提升计算机运行效率；清理系统运行时产生的垃圾；修复系统故障及安全漏洞；

维护系统的正常运转。

2. 虚拟内存

虚拟内存是磁盘上的一个文件空间，它占用的是磁盘的存储空间。当计算机因为运行了较多的程序而耗尽了物理内存后，文件交换便会在虚拟内存中实现。而怎样设置虚拟内存，设置是否合理，这些都会影响系统的表现。可以根据计算机的配置来选择合适的磁盘缓存。

3. 注册表

注册表是 Windows 操作系统中的一个核心数据库，其中存放着各种参数，直接控制着 Windows 的启动、硬件驱动程序的装载及一些 Windows 应用程序的运行，从而在整个系统中起着核心作用。这些作用包括了软、硬件的相关配置和状态信息，如注册表中保存有应用程序和资源管理器外壳的初始条件、首选项和卸载数据等，联网计算机的整个系统的设置和各种许可，文件扩展名与应用程序的关联，硬件部件的描述、状态和属性，性能记录和其他层的系统状态信息，以及其他数据等。打开注册表的命令是 regedit，正常情况下，选择"开始"→"运行"选项，在弹出的"打开"对话框中输入 regedit，单击"确定"按钮即可打开注册表，操作注册表有可能造成系统故障，因此建议尽量不要随意操作注册表。

4. DLL 文件

DLL 是一个包含可由多个程序同时使用的代码和数据的库。例如，在 Windows 操作系统中，Comdlg32.DLL 执行与对话框有关的常见函数。因此，每个程序都可以使用该 DLL 中包含的功能来弹出"打开"对话框。这有助于促进代码重用和内存的有效使用。

通过使用 DLL，程序可以实现模块化，由相对独立的组件组成。例如，一个计账程序可以按模块来销售，可以在运行时将各个模块加载到主程序中（如果安装了相应模块）。因为模块是彼此独立的，所以程序的加载速度更快，而且模块只在相应的功能被请求时才加载。

5. ActiveX

ActiveX 插件是一些软件组件或对象，可以将其插入到 Web 网页或其他应用程序中。ActiveX 组件在使用时需要在系统中进行安装并注册，通常在应用程序的安装过程中就包括了 ActiveX 组件的安装步骤。由于越来越多的应用程序开始使用 ActiveX 组件来扩展自身的业务逻辑、事务处理和应用服务的范围，因此，系统中安装的 ActiveX 组件越来越多，而很多应用程序在卸载时没有同时删除这些组件。ActiveX 清理就是把一些无用的 ActiveX 组件清理掉，使系统更好地运行，避免因一些垃圾而影响系统的运行速度。

6. 为什么会产生安装补丁

使用 Windows Installer 制作的安装程序可在用户的磁盘中添加安装文件备份，通常用于日后的软件设置、补丁安装等。如果用户在安装开始的时候进行了取消操作，或者因补丁安装条件不足而导致安装失败，则 Windows Installer 将退出安装流程，但是会遗留上次释放的安装文件。如果用户再次运行同一个安装程序，则 Windows Installer 又会重新生成一个新的文件，而不会利用上一次已释放的文件。这样，安装程序第一次产生的文件将永远被残留在用户的磁盘中。Windows 优化大师向用户提供了安装补丁清理功能，帮助用户清除这些残留文件或注册表中的残留信息。

任务目标

1. 掌握 EasyRecovery 的安装方法。
2. 掌握使用 EasyRecorery 恢复误删除的硬盘数据的方法。
3. 使用 EasyRecorery 恢复误删除或者格式化 U 盘、存储卡等移动存储的数据。

任务描述

某天张明在整理计算机的时候不小心删除了保存多年的照片，张明查看了回收站，其中是空的。这些照片没有备份，张明赶紧打电话给雷军，询问有没有办法解决，雷军让他不要做任何操作，等他过来。雷军带了一台笔记本式计算机和一个移动硬盘盒，他把张明的硬盘从计算机上拆卸下来，装在硬盘盒中，连接在自己的笔记本式计算机上进行操作。两个多小时后，雷军告诉张明已修复好，把硬盘装回张明的计算机并开机，张明查看后发现所有的照片都恢复了。张明向雷军请教怎么做到的，雷军说他使用了数据恢复软件"EasyRrecovery"，于是张明向雷军请教"EasyRecovery"的使用方法。

操作步骤

1. EasyRecovery 的安装与运行

步骤 1：EasyRecovery 的安装很简单，下载安装文件后双击即可安装，进入安装界面后单击"下一步"按钮，选择目标文件夹后继续安装即可。完成后选择"开始"→"EasyRevovery"选项即可运行，程序的主界面如图 1-4-1 所示，如果想使用该软件的正式版，则可单击右上角的"购买"按钮，按照说明进行付款即可获得注册码，单击"注册"按钮，输入注册码即可获得程序的完整功能。

图 1-4-1　EasyRevovery 程序主界面

步骤 2：可以看到，EasyRecovery 有六大功能，分别对应"误删除文件""误格式化硬盘""U 盘手机相机卡恢复""误清空回收站""硬盘分区丢失/损坏""万能恢复"六大功能按钮，当鼠标指针停留在功能按钮时可查看该功能的详情。

2．EasyRecovery 的使用

（1）恢复误删除文件。

步骤 1：将鼠标指针停留在主界面的"误删除文件"按钮上时，可以看到，该功能可以恢复被永久删除的文件或者目录，可以只恢复指定路径文件；支持恢复原来的文件名；恢复后可以保持原有的目录结构，单击该按钮，即可进入如图 1-4-2 所示界面。

步骤 2：选择要恢复的文件或者目录（即被删除的文件或者目录）所在的位置，单击"下一步"按钮，进入如图 1-4-3 所示界面，软件自动查找已经删除的文件，在此过程中可随时中断扫描以进行其他工作。

图 1-4-2　选择要恢复的文件和目录所在的位置　　　　图 1-4-3　查找已经删除的文件

步骤 3：扫描结束后，找到的被删除的文件或目录将被列出显示，如图 1-4-4 所示。

步骤 4：单击"下一步"按钮，选择一个目录存放恢复的文件，如图 1-4-5 所示，单击"下一步"按钮即可完成数据恢复。注意，选择用来存放文件的分区不要和丢失的文件所在的分区相同，以免造成数据覆盖。例如，若丢失的数据在 D 盘，则恢复数据到 C、E 盘均可。

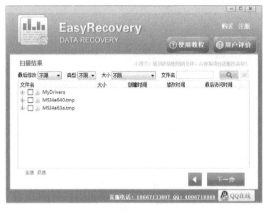

图 1-4-4　扫描结果　　　　　　　　　　　　图 1-4-5　选择恢复路径

步骤 5：在所选择的存放目录中可看到恢复出来的文件，如图 1-4-6 所示。

图 1-4-6　显示恢复的文件

（2）恢复误格式化的硬盘。

步骤 1：将鼠标指针停留在主界面的"误格式化硬盘"按钮上，可以看到，该功能可以解决"重装系统时误格式化磁盘""磁盘文件全部异常消失""磁盘文件变成奇怪文件名""文件夹双击提示错误"，如图 1-4-7 所示。

图 1-4-7　"误格式化硬盘"标签

步骤 2：单击"误格式化硬盘"标签，选择要恢复的分区（即被误格式化的分区），单击"下一步"按钮。格式化前的文件系统选择"自动识别"选项即可。具体设置如图 1-4-8 所示。

图 1-4-8　恢复误格式化硬盘设置

步骤 3：EasyRecovery 会自动查找分区格式化之前的文件，这个过程根据分区的大小需要不同的时间，如图 1-4-9 所示。

图 1-4-9　查找分区格式化前的文件

步骤 4：扫描结束后查找扫描结果，选中需要恢复的文件，单击"下一步"按钮。

注意

文件丢失后，文件名称也会被系统自动更改，如图 1-4-10 所示。

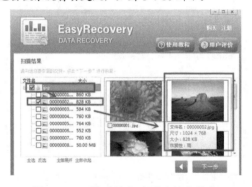

图 1-4-10　被系统自动更改的文件名

步骤 5：单击"下一步"按钮后，选择一个文件夹用于存放恢复的文件。

注意

该文件夹不能位于误删除的分区，如图 1-4-11 所示，单击"下一步"按钮，即可完成数据恢复。

图 1-4-11　选择恢复路径

（3）恢复 U 盘、手机和相机卡。

手机卡和相机卡可以插在读卡器中，再连接到计算机的 USB 接口上，作为移动存储设备，本功能其实就是"移动存储"的数据恢复。

步骤 1：将鼠标指针停留在主界面上的"U 盘手机相机卡"按钮上，可以看到该功能可以恢复 U 盘中的文件（包括手机卡、相机卡、提示未格式化的设备、除硬盘损坏外的任何数据丢失）。

步骤 2：单击"U 盘手机相机卡"按钮，如果当前计算机上连接了移动存储设备，则将被在列表框中列出，在此可以选择要恢复数据的设备，如图 1-4-12 所示。

步骤 3：单击"下一步"按钮后，EasyRecovery 将自动扫描所选择的移动存储设备，如图 1-4-13 所示。

图 1-4-12　选择要恢复的移动存储设备

图 1-4-13　搜索移动存储设备中的丢失文件

步骤 4：扫描结束后将以分类的形式列出可恢复的文件，如图 1-4-14 所示。

步骤 5：找到想要恢复的文件并选中，单击"下一步"按钮。

注意 ●●●

文件丢失后，文件名称也会被系统自动更改。

步骤 6：选择一个磁盘存放需要恢复出来的文件，单击"下一步"按钮，即可恢复想要的文件，如图 1-4-15 所示。

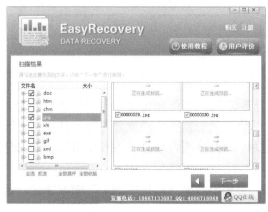
图 1-4-14　扫描结果

图 1-4-15　选择恢复路径

（4）恢复误清空回收站中的文件。

回收站中的文件比较特殊，本身就是已经删除的文件，当清空回收站后，这些文件会从本地彻底删除。EasyRecovery 可以自动分析回收站所在的路径，来恢复被从回收站清空的文件。

步骤 1：单击"误清空回收站"按钮，EasyRecovery 将自动查找已经删除的文件，如图 1-4-16 所示。

图 1-4-16　查找已删除的文件

步骤 2：扫描结束后将列出查找到的已经删除的文件，选中想要恢复的文件，单击"下一步"按钮，如图 1-4-17 所示。

步骤 3：单击"下一步"按钮后，在图 1-4-18 中选择存放恢复文件的路径，单击"下一步"按钮，即可完成数据恢复的过程。

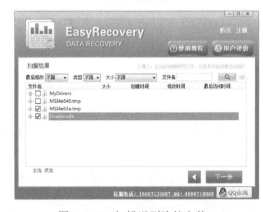

图 1-4-17　扫描误删除的文件

图 1-4-18　选择文件恢复路径

（5）硬盘分区丢失/损坏问题的解决。

步骤 1：将鼠标指针停在主界面的"硬盘分区丢失/损坏"按钮上，可以看到，该功能可以解决的问题有：误删除分区（即重新分区后分区丢失）整个硬盘分区变为几个、分区无法打开；或提示格式化、系统 Ghost 后，变为一个分区或自动划分为几个分区，双击分区提示需要格式化等。

步骤 2：单击"硬盘分区丢失/损坏"按钮，可列出当前计算机中的所有物理磁盘，包括移动存储设备。

注意 ●●●

此处列出的不是分区，而是物理磁盘，每个物理磁盘可以包括多个分区，如图 1-4-19 所示。

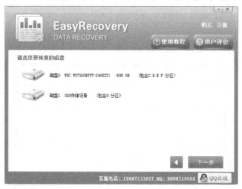

图 1-4-19　计算机中的物理磁盘列表

步骤 3：选择要恢复的磁盘，单击"下一步"按钮，EasyRecovery 会自动扫描选定的磁盘分区存在的问题，如图 1-4-20 所示。

图 1-4-20　查找分区

步骤 4：扫描结束后，找到的丢失分区/损坏分区列表将显示在文本框中，选择要恢复的分区，单击"下一步"按钮，如图 1-4-21 所示。

步骤 5：选择要存放恢复出来的文件的文件夹，单击"下一步"按钮，即可恢复找回分区上的文件，如图 1-4-22 所示。

图 1-4-21　选择要恢复的分区

图 1-4-22　选择恢复路径

（6）万能恢复。

步骤 1：将鼠标指针停在主界面的"万能恢复"按钮上，可以看到，该功能可以深度恢复数据，当其他功能恢复数据失败时，可尝试使用此功能。此功能扫描磁盘的时间要长于其他功能。

步骤 2：单击"万能恢复"按钮，进入如图 1-4-23 所示界面，选择想要恢复的分区或者物理设备，单击"下一步"按钮，EasyRecovery 将自动查找被删除或丢失的文件。

步骤 3：查找结束后找到的文件将在列表中显示出来，如图 1-4-24 所示。

注意 ●●●

文件丢失后，系统会自动更改文件名称。如果未扫描到需要的文件，则可使用"万能恢复"模式再次扫描。选择想要恢复的文件，单击"下一步"按钮。

图 1-4-23　选择要恢复的分区或者物理设备

图 1-4-24　扫描结果

步骤 4：选择一个文件夹存放需要恢复出来的文件，单击"下一步"按钮，找到的文件即可被恢复，如图 1-4-25 所示。

图 1-4-25　选择恢复路径

 知识链接

EasyRecovery 是一个非常实用的硬盘数据恢复工具，其 Windows 版本支持如下分区格式的文件系统：FAT12、FAT16、FAT32、NTFS、HFS/HFS+、EXT2、EXT3、ISO 9660 等。

EasyRecovery 的使用限制：不适用于物理损坏的硬盘；并不是每一个文件都可以被还原；被覆盖后的数据不能完全恢复；对于 Windows FAT 驱动器上经过碎片整理后的数据而

言，如果 FAT 簇链已被清除，则不能恢复；损害和丢失索引信息的数据不能完全恢复。

任务 5　U 盘启动盘的制作

任务目标

1．熟练掌握 U 盘启动盘的制作。
2．熟练使用 U 盘进行 Ghost 安装系统。

任务描述

张明下周要到某公司举行一个销售讲座，但他的笔记本式计算机出现了问题：无法启动。张明马上给雷军打电话，雷军来后将一个 U 盘插在张明的笔记本式计算机上进行操作，不一会儿，张明的计算机就正常启动了。张明对雷军的操作很感兴趣，雷军告诉他这个 U 盘是启动盘，可以启动系统，其中还存放了很多修复工具，之后便开始向张明作详细介绍。

操作步骤

1．制作 U 盘启动盘

（1）制作前的准备。

步骤 1：准备一个 U 盘（最好是一个新的 U 盘，容量为 4GB 或更大，如果安装 Windows 7，则一般镜像文件有 2～3GB），制作过程中需要格式化 U 盘，如果使用的不是一个新的 U 盘，而是有数据的 U 盘，则应先备份 U 盘数据。

步骤 2：到 U 大师官方网站下载 U 大师安装文件，或者在搜索引擎上搜索"U 大师"并下载。

（2）安装 U 大师 U 盘启动盘制作工具。

步骤：双击打开下载好的 U 大师 U 盘启动盘制作工具安装包，进入安装界面，单击"安装"按钮进行安装操作，如图 1-5-1 所示。安装结束后软件自动运行，主界面如图 1-5-2 所示。

图 1-5-1　安装"U 大师"　　　　图 1-5-2　"U 大师"软件主界面

（3）用 U 大师 U 盘启动盘制作工具制作 U 盘启动盘。

步骤 1：检查是否已将 U 盘插入计算机 USB 接口，如果正常插入，则可以在"选择 U 盘"下拉列表中看到对应 U 盘的型号，如图 1-5-2 所示。

步骤 2：确定 U 盘无误后单击"一键制作 USB 启动盘"按钮，U 大师即可开始制作 U 盘启动盘。

步骤 3：制作过程中会弹出提示信息，需要清除 U 盘数据，备份数据或确定 U 盘中无重要数据后单击"确定"按钮继续制作，如图 1-5-3 所示。

步骤 4：过程中会因计算机配置和 U 盘读写速度而决定制作时间的长短。一般不会太久，请耐心等候，如图 1-5-4 所示。

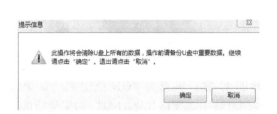

图 1-5-3 需要清除 U 盘数据提示　　　　　　图 1-5-4 U 盘启动盘制作过程

（4）下载必备工具。

步骤 1：制作成功后会弹出"U 大师 U 盘启动盘　制作完成"提示对话框，如图 1-5-5 所示，可以选择下载"U 盘装系统装机必备软件包"和"PE 工具"。

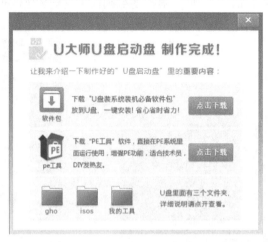

图 1-5-5　"U 大师 U 盘启动盘　制作完成"提示对话框

步骤 2：必备软件包如图 1-5-6 所示，包含计算机装机必备的常用软件。常用软件包可提供下载，快捷方便，可使用户一次性下载安装完成所有装机必备软件。

步骤 3：PE 工具可在 PE 系统中直接运行，如一键 Ghost、数据恢复软件、系统引导修复、密码破解工具等，可根据需要下载使用，如图 1-5-7 所示。

图 1-5-6　U 盘装系统装机必备软件包

图 1-5-7　"PE 工具" 软件列表

（5）使用 U 盘启动盘启动计算机。

步骤：将 U 盘插入计算机接口后，根据自己计算机品牌或者主板品牌在 BIOS 设置中找到对应快捷键，将 U 盘设置为第一启动盘，重启计算机后会自动运行 PE 系统，如图 1-5-8 所示。

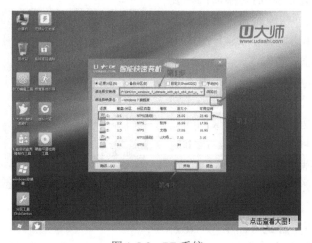

图 1-5-8　PE 系统

2. 用 U 盘安装 Windows 7 操作系统

（1）安装前的准备工作。

步骤 1：使用 U 大师制作一个 U 盘启动盘。

步骤 2：准备好 Windows 7 操作系统，并存储到 U 盘启动盘中。

步骤 3：在 BIOS 中设置 U 盘为第一启动项，保存 BIOS 设置。将 U 盘插在计算机的 USB 接口上，重启计算机。

（2）用 U 盘启动盘快速安装系统。

步骤 1：将 U 盘设置为第一启动项后，会进入如图 1-5-9 所示的 U 大师选择界面，因为使用 U 盘安装 Windows 7，所以选择"【01】运行 U 大师 Win8pe 精简版（适用新机）"选项，按 Enter 键。

步骤 2：如图 1-5-10 所示，加载 Win8pe，U 大师在启动 Win8pe 时，需要加载到虚拟磁盘中，新计算机加载一般比较快，40s 左右即可，老式计算机或者一体机使用 2min 左右，加载完成后，自动进入 Win8pe 系统界面。

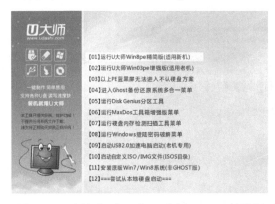

图 1-5-9　选择【01】运行 U 大师 Win8pe 精简版
（适用新机）选项

图 1-5-10　加载 Win8pe

（3）使用 U 大师一键还原。

步骤 1：进入 Win8pe 后，桌面图标会自行跳动 3 次，U 大师快速装机便会自动弹出，如果没有自动弹出，则可以运行桌面上的"U 大师一键快速安装"。

图 1-5-11 所示为安装 Ghost 版本的系统步骤。单击"浏览"按钮，在 U 盘中找到已下载好的 Ghost 版本的 ISO 或者 GHO 文件，查看 C 盘的可用空间，Ghost 版本的 Windows 7 建议 C 盘空间在 50GB 以上，选择 C 盘，单击"开始"按钮。

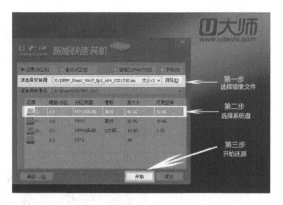

图 1-5-11　安装 Ghost 版本的系统

步骤 2：进入如图 1-5-12 所示界面，这时已经开始安装系统。在此界面中，不要去动计算机及 U 盘，以免中途失败。等到滚动条为 100% 时，会提示重新启动计算机。

步骤 3：当进度条读完后，会提示还原成功，并且显示"还原成功完成，您的计算机将在 14 秒内重启"，这时拔掉 U 盘，单击"立即重启"按钮，如图 1-5-13 所示。

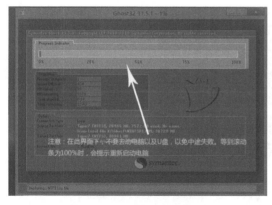
图 1-5-12　开始安装系统

图 1-5-13　系统还原成功提示

（4）进入 Windows 7 系统自动安装界面。

步骤 1：重启计算机后，系统开始进入安装阶段，会进入如图 1-5-14 所示界面。

步骤 2：安装程序正在更新注册表设置，如图 1-5-15 所示。

图 1-5-14　重新启动计算机时提示界面

图 1-5-15　安装程序正在更新注册表设置

步骤 3：如图 1-5-16 所示，进入安装驱动阶段，大部分的 Ghost 版本的系统封装了万能驱动程序，系统安装后能自动安装驱动程序，只需要耐心等待即可。

步骤 4：如图 1-5-17 所示，安装好万能驱动程序后，会进入安装程序正在安装设备阶段，请耐心等待。

图 1-5-16　安装程序正在启动服务

图 1-5-17　安装程序正在安装设备

步骤 5：进入安装程序正在检查视频性能阶段，如图 1-5-18 所示。

图 1-5-18　安装程序正在检查视频性能

步骤 6：进入系统，Ghost 版本的系统一般安装好系统后会自动激活系统，激活系统后，会提示重启系统，这里单击"确定"按钮，如图 1-5-19 所示。

图 1-5-19　激活系统后重启系统提示

步骤 7：成功安装 Windows 操作系统，如图 1-5-20 所示。与原版 Windows 7 相比，桌面上多了很多程序，如果不适用可以自行卸载。

图 1-5-20　成功安装 Windows 操作系统后的提示界面

 注意

本方法仅供计算机技术爱好者学习使用，大家要尊重知识产权，反对盗版！

知识链接

1. U 盘不能启动重装程序的原因

U 盘不能启动重装程序可能有两个原因：一个是 U 盘没有启动文件，另一个是 BIOS 设置不正确。

2. BIOS 设定 U 盘启动的方法

在高级 BISO 特性中，有硬盘启动优先级的设置，用于设置硬盘启动优先顺序。打开这个设置，硬盘启动优先级先设置为 USB-HDD。要想让 BIOS 识别 U 盘，必须在没有开机的情况下插入 U 盘，在硬盘启动优先级中设置为 USB 设备优先。硬盘启动的优先级优先于第一、第二、第三设备引导。

项目小结

通过对本项目中 5 个任务的学习，读者对系统维护的知识有了初步的了解。通过对 Ghost、驱动精灵、Windows 优化大师、数据恢复、U 盘启动盘制作的学习，会感觉到 Windows 系统的安装与维护不再麻烦，不仅能大大提高了工作的效率，还为学习其他计算机知识打下了基础，是成为"计算机高手"的第一步。

项目 2
轻松职场从办公软件开始

项目目标

1. 了解不同办公软件的作用。
2. 掌握不同软件的下载方法。
3. 熟练掌握职场不同情境中利用办公软件解决问题的方法。

项目描述

本项目将通过 9 个任务来应对职场中出现的不同办公问题，每个任务利用不同的情境和解决方法来帮助读者更好地理解不同办公软件的用途，任务后的知识链接可使读者更好地理解办公软件。

任务 1 阅读器

任务目标

1. 了解能打开文件类型为 PDF 的软件的种类。
2. 掌握 Adobe Reader 阅读器的使用方法。
3. 能够利用本节中阅读器的相关知识解决实际工作中的难题。

任务描述

某公司对网络进行了升级维护，网络部门将无线网络的使用方法发送给了大家，但是文件的格式是 PDF。张明拿到通知后，不知如何进行阅读，他向雷军请教怎样解决这个问题。雷军告诉张明，打开特定格式的文件需要特定的软件，如打开 PDF 类型的文件，可以使用 Adobe Reader 或者福昕阅读器等，由于 Adobe Reader 应用稳定且广泛，在此讲解 Adobe Reader 阅读器的使用。

操作步骤

1. Adobe Reader 阅读器的下载
步骤 1：在百度搜索栏中输入"Adobe Reader"，如图 2-1-1 所示。

图 2-1-1　在百度搜索栏中输入"Adobe Reader"

步骤 2：在搜索结果中根据要使用的版本选择 Adobe Reader，如图 2-1-2 所示。

图 2-1-2　选择 Adober Reader 版本

步骤 3：单击"普通下载"按钮，弹出下载对话框，选择存放软件程序的位置，在此选择存放在桌面上，如图 2-1-3 所示。

图 2-1-3　设置下载路径

2．Adobe Reader 阅读器的安装

步骤 1：双击软件图标打开下载的软件程序，如图 2-1-4 所示。

步骤 2：进入程序安装界面，单击"下一步"按钮，根据自己的要求选择 Adobe Reader 的安装路径及更新需求。如果没有特别要求，则可以选择默认设置，将 Adobe Reader 安装完毕。

图 2-1-4　"Adobe Reader 阅读器"
安装程序

3．PDF 文件的打开

图 2-1-5　"Adobe Reader 阅读器"
桌面快捷方式

（1）通过软件打开。

步骤 1：双击软件快捷方式图标，打开安装好的软件，如图 2-1-5 所示。

步骤 2：选择需要打开的文件进行阅读，如图 2-1-6 所示。

（2）双击 PDF 文件。

双击需要打开的 PDF 文件进行阅读即可。

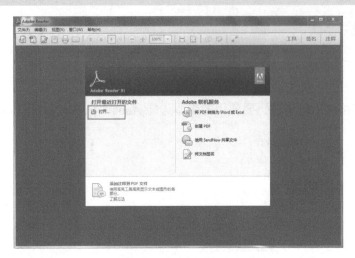

图 2-1-6 在"Rdode Reader 阅读器"环境中打开文件

4. Adobe Reader 阅读器的阅读模式

在阅读器默认的阅读方式下可以进行翻页、放大缩小、注解等操作，如图 2-1-7 所示。也可以根据需要选择菜单栏视图、阅读模式或全屏模式进行阅读。

图 2-1-7 "Rdober Reader 阅读器"菜单栏和工具栏

 知识链接

PDF 文件的优点如下。

（1）Word 文件如果有图片、图表，在其他计算机中打开时，由于版本和计算机设置的不同，很容易出现格式不兼容的情况，图表和图片会混乱。PDF 格式的文件不会出现这样的问题。

（2）PDF 文件相对于 Word 是比较正式的格式。

（3）PDF 文件更方便阅读，可以像幻灯片一样播放，并且可以任意放大或缩小。

（4）PDF 栅格化之后不易于修改，更适用于原文件代码的保密，且不影响阅读。

任务 2　文件转换

 任务目标

1. 了解 DOC 类型的文件转换为 PDF 类型文件的方法。

2. 熟练掌握如何将 DOC 文件转换为 PDF 文件。

任务描述

张明为下周的新品发布会准备了会议手册，他排好版去文印室打印的时候发现他之前排好的样式发生了错乱，张明向雷军请教怎么解决这个问题，雷军告诉他可以将 DOC 文件转换为 PDF 文件。

操作步骤

PDF 格式的文件具有不受计算机限制，保持原来的排版和不容易修改的优势，越来越多的人采用了此种格式的文件，而要将制作好的 DOC 类型的文件转换成 PDF 格式，很多人选择使用第三方工具，其实在 Word 2010 中用自带的另存为功能即可轻松实现此功能。

步骤 1：将制作好的"会议手册.doc"文件在 Word 2010 中打开，如图 2-2-1 所示。

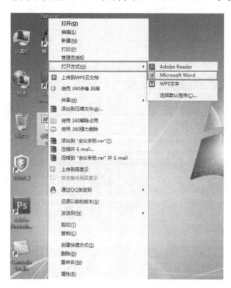

图 2-2-1　在 Word 2010 中打开"会议手册.doc"文件

步骤 2：单击"文件"选项卡中的"另存为"按钮，如图 2-2-2 所示。

图 2-2-2　单击"另存为"按钮

步骤 3：在弹出的"另存为"对话框中，浏览要保存的文件位置，如图 2-2-3 所示。
步骤 4：在"保存类型"下拉列表中选择"PDF（*.pdf）"选项，如图 2-2-4 所示。

图 2-2-3　选择保存路径　　　　　　图 2-2-4　选择保存类型

步骤 5：根据自己的需要选择格式优化，如图 2-2-5 所示。

步骤 6：单击其右侧的"选项"按钮，在弹出的"选项"对话框中也可以进行相关设置，如图 2-2-6 所示。

图 2-2-5　选择优化格式　　　　　　图 2-2-6　"选项"对话框

步骤 7：单击"保存"按钮即可，可以到保存的位置查看保存的文件，如图 2-2-7 所示。

图 2-2-7　保存的文件

知识链接

Word 2010 是 Microsoft 公司开发的 Office 2010 办公组件之一，主要用于文字处理，创建专业水准的文档。利用它还可更轻松、高效地组织和编写文档。Word 文档主要用于各种排版、表格制作、绘图、书籍排版等，由于不同计算机中字体、Office 版本的不同，排版容易受到影响，为了在不同计算机中获得相同的排版，一般选择将 Word 文档编辑的文件转换为 PDF 类型的文件。

如果 Office 2007 或以上版本的"另存为"对话框中没有"PDF 或 XPS"选项，则需要安装 Microsoft 提供的"SaveAsPDFandXPS"插件，这个工具比较小，可以自行在网上下载。

任务 3 PDF 转换为 Word

任务目标

1．熟练使用 Word 2013 将 PDF 转换为 Word。
2．了解 Word 2013 转换的局限性及其他转换方法。

任务描述

张明是某公司的活动策划，他每天的工作就是策划相关的活动并设计海报。双 11 快到了，张明要为客户策划"淘宝双 11 活动"，他写了一个活动策划，并将 Word 文档转为 PDF 发给了客户，但他的计算机突然中了病毒，活动策划试了很多种方法都打不开文件。根据客户反馈信息，又要抓紧改稿，他忽然想起了邮箱中的 PDF 文件，可是如何将 PDF 转换为 Word 文档呢？

他去请教了公司的计算机高手雷军，雷军向张明讲解了 PDF 转换为 Word 的方法。

操作步骤

步骤 1：双击桌面上的 Word 2013 图标，进入其界面，如图 2-3-1 所示。

图 2-3-1　进入 Word 2013 界面

步骤 2：单击"打开其他文档"按钮，单击"打开"选项组中的"计算机"按钮，弹出对话框，浏览需要打开的 PDF 文件，单击"打开"按钮，如图 2-3-2 所示。

图 2-3-2　选择要打开的 PDF 文件

步骤 3：Word 2013 会弹出一个提示对话框，提示转换的相关问题，如图 2-3-3 所示，如果没有问题，单击"确定"按钮。

图 2-3-3　格式转换提示

步骤 4：Word 2013 将会自动对 PDF 文件进行转换，打开如图 2-3-4 所示 Word 文件。

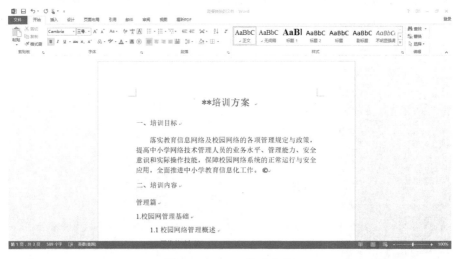

图 2-3-4　Word 格式文件

步骤 5：对 Word 2013 中的信息进行修改和编辑，完成后保存文件，如图 2-3-5 所示。

图 2-3-5　保存转换格式的文件

步骤 6：在弹出的"另存为"对话框中可以选择需要的保存位置和保存格式，如图 2-3-6 所示。

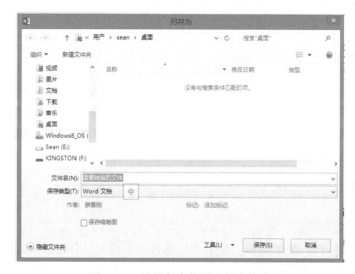

图 2-3-6　设置保存位置和保存格式

知识链接

1．Word 2013 版本的功能

Word 2013 中加入了 PDF 的编辑能力，在 Word 2013 中编辑的文件可以直接转换成 PDF 文件，使用户可以轻易制作这个常见的文件格式。另外，通过存盘时的选项设定，Word 2013 也可以方便地将文字转换为图形，或为 PDF 加上密码。这种内置 PDF 转换为 Word 文档的功能在 Word 2013 以下的版本中是没有的。

2．Word 2013 转换的局限性

如果 PDF 文件中以文字为主，则利用 Word 2013 是一个不错的选择。Word 2013 不具备图片中文字的识别功能，如果需识别图片中的文字，则需要其他软件的辅助。

3．利用软件进行转换

PDF 转换成 Word 可以利用 Word 2013，也可以使用其他专业的转换软件，针对 PDF

文件内容进行深度扫描和元素分析,并将其中的文字、图形及其他内容进行同步转换,使其成为 Word 文件内容部分,最终生成一份完整的 Word 文件。目前,在转换技术和转换质量效果上,迅捷 PDF 转换成 Word 转换器软件较为知名。针对不少图文混排的复杂 PDF 文件内容,迅捷 PDF 转换成 Word 转换器依然可以完美支持,并生成最为完整的图文混合排版,保持与原来的 PDF 文件内容的高度一致。

任务 4　QQ 备忘录和 QQ 便签

任务目标

1. 理解 QQ 备忘录和 QQ 便签的作用及 QQ 备忘录的同步功能。
2. 熟练掌握 QQ 备忘录的备忘添加和删除方法。
3. 掌握 QQ 便签的添加和删除方法。

任务描述

张明是公司的职员,他发现从学校踏入工作岗位,每天都有很多事情去做,事情多了就容易忘记,他需要一款软件来记录每天的重要事情,并且可以随时提醒他,不管是在公司还是出差。他向雷军诉说了自己的需要求后,雷军向他推荐了 QQ 备忘录和 QQ 便签。

雷军向张明讲解了 QQ 备忘录和 QQ 便签的使用方法。

操作步骤

1. QQ 的下载和运行

步骤 1:打开浏览器,在浏览器上登录 QQ 的官方下载网站"http://im.qq.com/download",打开如图 2-4-1 所示的页面。

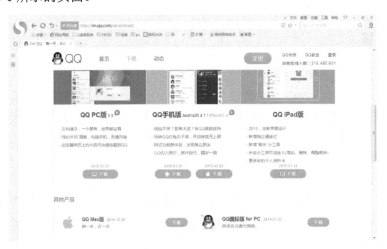

图 2-4-1　QQ 官方网站首页

步骤 2：根据自己的需要，选择合适的 QQ 版本，下载 QQ 到本地磁盘中，下载完毕后，即可出现一个压缩文件，解压缩之后，进入二级页面，双击安装软件即可。在桌面上可以看到图标，如图 2-4-2 所示。

步骤 3：双击桌面上的 QQ 图标，即可进入 QQ 登录界面，可以注册号码，登录并进入 QQ 页面，如图 2-4-3 所示。

图 2-4-2　QQ 桌面快捷方式　　　　　　　　图 2-4-3　QQ 界面

2. 备忘录的创建

步骤 1：登录 QQ 后，单击软件左下角的主菜单按钮，执行"工具"→"QQ 备忘录"命令，如图 2-4-4 所示。

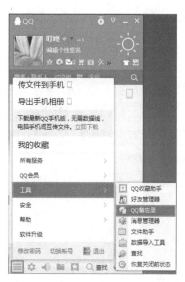

图 2-4-4　执行打开"QQ 备忘录"的命令

步骤2：打开QQ备忘录，单击"新建备忘"按钮，弹出"QQ备忘录"对话框，如图2-4-5所示。

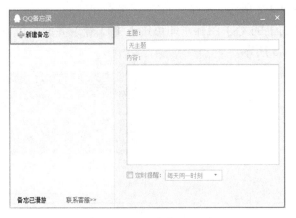

图2-4-5　QQ备忘录界面

步骤3：新建备忘，填入备忘的主题、内容及定时提醒的时间，单击"保存"按钮即完成一件事情的备忘提醒设备，如图2-4-6所示。

图2-4-6　保存备忘录

3．QQ备忘录的提醒

备忘录设置完成后，怎样提醒用户呢？在QQ备忘录中设置的时间到时，只要QQ处于登录状态，它会自动弹出来提醒用户，如图2-4-7所示。

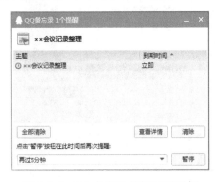

图2-4-7　QQ备忘录的提醒对话框

4. QQ 备忘录的取消

如果 QQ 备忘录没有到备忘录提醒的时间，想要取消备忘录应怎么办呢？此时只要进入备忘录设置对话框，单击设置的备忘录的"关闭"按钮即可，如图 2-4-8 所示。

图 2-4-8　关闭备忘录

5. QQ 便签的使用

在日常工作中，QQ 备忘录和 QQ 便签可以配合使用，QQ 便签的使用方法如下。

步骤 1：登录 QQ 之后，界面下方触击"应用管理器"按钮，如图 2-4-9 所示。

图 2-4-9　应用管理器

步骤 2：弹出的"应用管理器"对话框中提供了很多应用，大多数是非常实用的，在众多图标中找到便签，单击打开便签，如图 2-4-10 所示。

步骤 3：打开便签之后是一个浅黄的小标签，便签中可以新建很多空白便签，方便自己记录信息，如图 2-4-11 所示。

图 2-4-10　"应用管理器"窗口　　　　　　　　　图 2-4-11　空白便签

步骤 4：在便签中单击，便可像在 Word 文档中一样输入文字，如图 2-4-12 所示。

步骤 5：单击便签上方左侧的"+"按钮或者单击便签右下角可以新建便签，如图 2-4-13 所示。

图 2-4-12　在便签中输入文字　　　　　　　　　图 2-4-13　新建"便签"

步骤 6：选中"QQ 登录自动显示便签"复选框，在便签上方可以将 QQ 便签设置为 QQ 登录后自动显示，如图 2-4-14 所示。

步骤 7：单击便签上方的皮肤可以为单个 QQ 便签设置颜色，如图 2-4-15 所示。

图 2-4-14　设置"登录自动显示便签"　　　　　　图 2-4-15　设置便签颜色

步骤 8：单击便签上方的"置顶"按钮可以为单个 QQ 便签设置置顶或者取消置顶，如图 2-4-16 所示。

步骤 9：单击便签上方的"删除"按钮可以删除单个便签，如图 2-4-17 所示。

图 2-4-16　设置或取消便签置顶 　　　　　　图 2-4-17　删除便签

 知识链接

QQ 备忘录和 QQ 便签可以在哪些设备上使用，它们可以同步吗？

QQ 备忘录可以同步到其他设备中，但是目前不能在手机客户端使用；QQ 便签只起到桌面提醒作用，既不能同步到其他设备中，也不能在手机客户端使用。

任务 5 云共享

 任务目标

1. 熟练掌握利用百度云存储文件的方法。
2. 能够用百度云备份手机通讯录和图片。
3. 熟练掌握利用百度云进行文件分享的常用方法。
4. 了解百度云在移动端的应用方法。

任务描述

某公司下周一要举行一个培训讲座，培训后需要上传讲座视频和课件，由于需要上传的文件太大，负责培训的同事张明很为难。张明向雷军请教怎么解决这个难题，雷军向张明推荐了百度云，并向他讲解了百度云的功能和应用。

 操作步骤

1. 百度云的注册和下载

步骤 1：在浏览器中输入网址"http://yun.baidu.com"，进入如图 2-5-1 所示的页面。

图 2-5-1　"云百度"登录页面

步骤 2：单击图 2-5-1 中的"立即注册百度账号"按钮，进入"注册百度账号"页面，如图 2-5-2 所示，这里有两种注册方式。

（a）　　　　　　　　　　　　　　　　　　　　（b）

图 2-5-2　百度账号的注册方式

步骤 3：利用自己的手机/邮箱，输入想设置的百度云的密码，注册成功后登录到百度云，如图 2-5-3 所示，初次注册百度云提供的存储容量为 5GB。

图 2-5-3　"百度云"界面

步骤 4：为了使用和存储方便，图 2-5-4 所示的百度云提供了客户端下载，单击"客户端下载"按钮，百度云提供了 PC 端、智能机、iPad 等的下载，可以根据自己的需要进行下载并安装。在此，选择 Windows 下载，使用百度云管家进行本地安装。

图 2-5-4　下载"百度云"客户端

2. 百度云文件上传

如何将文件上传到百度云中，并与同事和朋友进行分享呢？若想将文件上传到百度云中，利用网页版百度云和百度云管家文件同步功能即可，只要将文件上传到百度云上，利用同一账号登录任何一个百度云客户端都可以找到文件。下面以百度云管家为例来讲述将文件上传到百度云的方法。

步骤 1：下载并安装百度云管家后，会在桌面上出现百度云管家图标，双击该图标打开软件，进入百度云管家登录界面，如图 2-5-5 所示，输入申请的百度云账号和密码，单击"登录"按钮即可。

图 2-5-5 "百度云管家"登录界面

步骤 2：登录百度云管家后，单击"我的网盘"→"全部文件"按钮，再单击"上传文件"即可上传文件，如图 2-5-6 所示。上传文件的方法有两种，单击图 2-5-6 中的"上传文件"按钮，选择需要上传文件的路径，或者将文件拖动到百度云中。

图 2-5-6 在"百度云管家"中上传文件

步骤 3：将文件上传到百度云后，百度云网盘中可以建立文件夹，单击图 2-5-7 中的"新建文件夹"按钮可以建立与 PC 中操作和作用一样的文件夹。

步骤 4：对于不需要的文件，选中后单击"删除"按钮即可删除，如图 2-5-8 所示。

图 2-5-7　"新建文件夹"按钮

图 2-5-8　在百度云管家中删除文件

3. 百度云文件的共享

张明明白了怎么将文件上传至百度云中,那么怎么让自己的文件共享给其他人呢?雷军告诉他百度云是可以进行文件分享的。

步骤 1:如图 2-5-9 所示,选中需要分享给对方的文件(按住【Ctrl】键可以选择多个文件)。

图 2-5-9　选择要分享的文件

步骤 2：如图 2-5-10 所示，单击"分享"按钮，可以为文件创建公开链接，通过 SNS 公开分享给其他人，也可以创建私密分享，如图 2-5-11 所示，将链接和随机产生的密码发给同事或者朋友，让他们自行下载。

图 2-5-10　选择文件分享方式 1

图 2-5-11　选择文件分享方式 2

4．百度云移动端的应用和备份

张明培训中的难题解决了，他灵机一动，想到以后很多东西都可以通过云存储上传下载，再也不用担心文件丢失了。他问雷军自己是否可以用百度云移动端保存通讯录和图片，雷军告诉他当然可以。

步骤 1：在手机上下载百度云移动客户端并安装，在桌面上单击打开百度云，如图 2-5-12 所示，并利用之前注册的百度云账号登录客户端，可以立即获得 2TB 永久免费百度云存储空间。

步骤 2：登录百度云后，会发现移动端和 PC 端百度云的文件是同步的（图 2-5-13），触击页面下方的"发现"按钮，进入发现页面（图 2-5-14）。

步骤 3：单击图 2-5-14 中的"手机备份"按钮，进

图 2-5-12　用手机打开百度云客户端

入如图 2-5-15 所示页面，图中相册和短信备份已经开启，相册正在备份，而其他 3 项功能尚未开启，可以根据自己的需要设置是否开启。

图 2-5-13　百度云中的文件　　图 2-5-14　"发现"页面　　图 2-5-15　"手机备份"页面

 知识链接

1．百度云

百度云是百度公司推出的一款云服务产品。百度云目前推出了移动端和 PC 端，通过百度云，用户可以将照片、文档、音乐、通讯录数据等在各类设备中使用，在众多 SNS 中分享与交流。百度云首次注册时有机会获得 2TB 的空间。

2．百度云日常应用

（1）存储资料，随时随地查看。

（2）分享资料给同事和朋友。

（3）手机资料的云存储。

3．分享内容的审查

并不是所有的文件都可以分享成功，有些资料无法审核通过，如以下资料。

（1）反动资料、政治敏感资料。

（2）色情资料、疑似色情资料。

（3）盗版或疑似盗版软件。

（4）网络上下载的共享软件也不一定能审核通过。

4．云服务安全性

百度云从技术上讲是相对安全可靠的，用户的文件在上传时，由系统自动加密后存储在云服务器中，别人无法看到网盘中任何文件。但是被用户外链分享的文件除外，被外链分享的文件将不受高强度安全措施的保护，因此不要将私人文件进行分享。此外，不要把账号和密码告诉其他人，并且密码不要设置得过于简单，防止被人恶意套用。这里要强调的是，因为文件是被加密后保存在服务器中的，因此百度工作人员也无法直接在服务器中查看用户的文件，即使文件被强制打开，也会显示乱码。

但是需要提醒的是，百度云可以在 PC 端、移动端同步更新文件，可以把手机通讯录和照片备份到计算机中，如果在不常用的计算机或手机客户端登录，则应确保自己登录的安全性，登录退出后密码应清除。

任务6 迅雷下载体验

 任务目标

1. 了解网络资源下载方式及下载工具。
2. 熟练掌握迅雷软件的使用方法。
3. 能够运用迅雷在线观看或下载网络资源。

 任务描述

张明是某公司的职员，网络时代网络办公是社会人的最基本的技能和素养，张明也在不断学习适应，但他最近遇到了一个问题：他经常要下载一些软件，却不知道如何下载。张明询问同事雷军，雷军告诉他可以使用迅雷进行下载。

 操作步骤

1. 迅雷的下载和安装

步骤1：在浏览器中输入迅雷官方网址"http://dl.xunlei.com"，进入如图2-6-1所示页面。

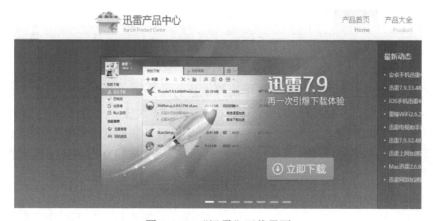

图 2-6-1 "迅雷"下载界面

步骤2：进入下载页面，下载并安装迅雷软件。

2. 搜索与下载文件

若想下载360安全卫士，则应如何下载呢？

步骤1：在搜索引擎中搜索想要的软件或者多媒体，这里以"360安全卫士"为关键词进行搜索，搜索到360安全卫士下载页面，如图2-6-2所示。

步骤2：右击"下载"按钮，在弹出的快捷菜单中选择"使用迅雷下载"选项，如图2-6-3所示。

图 2-6-2　"360 安全卫士"下载页面

图 2-6-3　选择"迅雷"进行下载

步骤3：在弹出的新建任务对话框中选择下载的路径，如图2-6-4所示。

步骤4：单击图2-6-4中的"空闲下载"按钮后，本次任务将暂停，不占用当前网速，在迅雷运行且计算机无操作时任务自动开启，单击"立即下载"按钮立即进入下载状态。在此单击"立即下载"按钮，进入下载页面，如图2-6-5所示。

图 2-6-4　设置"迅雷"下载的路径

步骤 5：如果在下载过程中觉得下载量比较大，并且下载速度有限，则可以开通迅雷 VIP，下载速度可以达到 6MB/s。下载完成后，在"已完成"选项卡中可以看到已经下载好的内容，如图 2-6-6 所示，单击"运行"按钮可以直接打开下载的内容，单击"目录"按钮可以找到文件保存的位置。

图 2-6-5　"迅雷"下载页面

图 2-6-6　查看已下载好的文件

3．迅雷系统设置

张明会下载文件了，但要下载比较多的文件，存放在一个文件夹里，怎么设置默认文件夹呢？另外，有时可能下载的文件比较大，而同时下载了一个比较小的文件，优先下载小文件怎么设置呢？他请教了雷军，雷军告诉张明，这些都可以在迅雷的"系统设置"中进行设置。

步骤 1：单击迅雷界面的"系统设置"按钮，如图 2-6-7 所示，进入系统设置界面。

图 2-6-7　单击"系统设置"按钮

步骤 2：在系统设置界面中（图 2-6-8），单击"常规设置"选项卡中的"选择目录"按钮可以选择默认下载文件夹，选中"自动修改为上次使用的目录"会将下载文件保存的路径修改为上次下载文件保存的路径。

图 2-6-8　"系统设置"界面

步骤 3：选择"我的下载"→"常用设置"选项，如图 2-6-9 所示，可以设置默认下载模式及同时下载的任务数目，并根据需要进行调整。

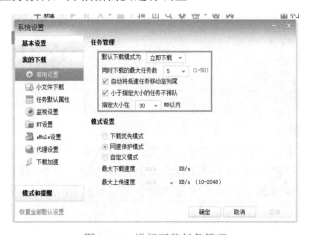

图 2-6-9　进行下载任务管理

知识链接

1. 迅雷

网络世界无限精彩，软件、游戏、图片、Flash、电影等让人目不暇接，怎样更好地利用这些网络资源呢？这就需要学习网络资源下载方法。网络资源下载可以通过很多方式实现，使用浏览器可以直接下载，借助于适当的下载工具可以实现快速下载。常见的下载工具有电驴、迅雷、FlashGet 等。

迅雷基于网格原理使用了先进的超线程技术，是一款非常著名的"光速般"智能下载工具。它基于 P2SP 技术，能够有效降低死链比例，支持多节点断点续传；支持不同的下载速率；可以智能分析选择出上传速度最快的节点来下载，以提高用户的下载速度；支持各节点自动路由；支持多协议下载，如 HTTP/FTP/MMS/RTSP/BT/eMule 协议等。

2．提高迅雷下载速度

除了在"系统设置"→"常用设置"→"模式设置"中选择下载优先模式外，还可以开通迅雷 VIP，利用迅雷提供的高速下载通道提高下载速度，但开通迅雷 VIP 需要付费。

任务 7 有道词典的使用

任务目标

1．熟练掌握利用有道词典进行单词翻译的方法。
2．熟练掌握利用有道词典进行句子翻译的方法。
3．了解有道词典的取词和划词功能。
4．能够将有道词典应用于实际工作和学习中。

任务描述

某公司员工张明收到国外公司的一封邮件，但在看邮件的过程中不太确定有些单词的意思，他把自己的苦恼告诉了同事雷军，雷军告诉他不用苦恼，有道词典可以在线、离线查阅，还可以帮助用户屏幕取词翻译，建议张明使用。

操作步骤

1．单词翻译

张明登录有道官方网站 http://cidian.youdao.com/multi.html，根据自己的需要选择版本下载并安装了有道词典，他询问雷军，怎样用有道词典进行单词翻译，雷军告诉了他方法。

步骤 1：双击打开已经安装好的有道词典，进入有道词典工作界面，如图 2-7-1 所示。

图 2-7-1 有道词典工作界面

步骤 2：选择有道词典的"词典"选项卡，根据自己的需要选择不同的语种翻译，这里选择汉英互译，如图 2-7-2 所示。

图 2-7-2　选择翻译语种

步骤 3：在"输入要查询的单词或词组"文本框中输入要查询的单词，如"walk"，单击"搜索"按钮或者按【Enter】键进行单词翻译，如图 2-7-3 所示。

图 2-7-3　单词"walk"的翻译

步骤 4：进入如图 2-7-4 所示的页面，可以根据自己的需要选择不同的解释方式。

步骤 5：如果使用有道词典比较频繁，则可以使用 mini 有道词典，单击词典右上角的"mini"按钮（图 2-7-5），可以将有道词典切换为 mini 样式。

图 2-7-4　选择解释方式

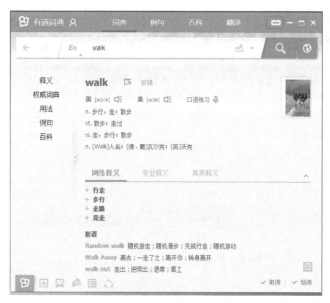

图 2-7-5　将有道词典切换为 "mini" 样式的按钮

步骤 6：打开的 mini 有道词典如图 2-7-6 所示，可以把 mini 有道词典放在桌面侧面，mini 有道词典在用户不使用的时候可以自动隐藏。

图 2-7-6　有道词典 "mini" 样式

2. 句子翻译

张明问雷军如果整个句子都不懂，可以进行句子翻译吗？雷军告诉他当然可以。

步骤 1：选择有道词典的"翻译"选项卡，进入如图 2-7-7 所示页面。

图 2-7-7　有道词典"翻译"页面

　　步骤 2：将需要翻译的句子填入"原文"文本框，单击"自动翻译"按钮，有道词典会将对应的翻译放在"译文"文本框中，如图 2-7-8 所示。

图 2-7-8　有道词典的翻译功能

　　3. 屏幕取词划词

　　雷军告诉张明有道词典不仅可以翻译单词和句子，还提供了"取词功能"，对存在于网页、文本文档中的文本可以实现屏幕取词和划词操作。

　　步骤 1：打开有道词典，选中界面右下方的"取词"和"划词"复选框，将软件的取词和划词功能打开，如图 2-7-9 所示。

有道词典
词典
例句
百科
翻译
输入要查询的单词或词组
Walking with a friend in the dark is better than walking alone in t...
与友相伴，暗夜而行，胜过日光下踽踽独行。 更多
满意度
03-15
多图示例
年轻男生如何不做作地穿好英伦范儿？ -潮人街
年轻人比香港更时尚？
老外对杭州的十点印象 -游行天下
爱睡懒觉的同学都注意了！
周末睡懒觉也是让你发胖的原因 -科学有态度
下班刷微信不如跟老外聊英语
在线测：你的托福能有几分？
取词
划词

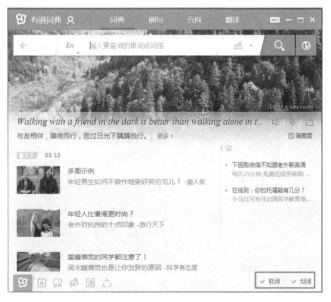

图 2-7-9　打开有道词典的“歌词”和“划词”功能

步骤 2：打开一个网页，将光标停留在一段文本上，有道词典的取词功能会自动显示该单词或者词组的英文含义，这样即完成了屏幕取词操作，如图 2-7-10 所示。

有道词典
编辑
有道词典是网易有道推出的词典相关的服务与软件。基于有道搜索引擎后台的海量网页数据以及自然语言处理中的数据挖掘技术，大量的中文与外语的并行语料（包括词汇和例句）被挖掘出来，并通过网络服务及桌面软件的方式让用户可以方便的查询。
中文名　有道词典
外文名　youdao
开发公司　网易
查询 [chá xún] 详细
inquire
query
demand
refer
see about
推广 每天45分钟，月薪很快>10000
2007年9月
在线词典
桌面版、手机版、pad版、网页版
目录
1 词典版本
离线版
桌面版
手机版
2 功能介绍
动力澎湃
精确匹配
专业
3 特色功能
基本特色
多语种
海量免费
发音地道
贴心实用
网络释义
其他
4 发展
5 荣誉奖项

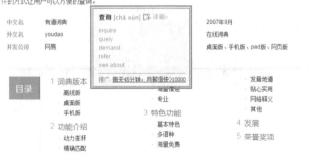

图 2-7-10　有道词典“取词”功能

步骤 3：如果想选择一个句子进行翻译，则可以使用划词功能，选中一句话，如图 2-7-11 所示。

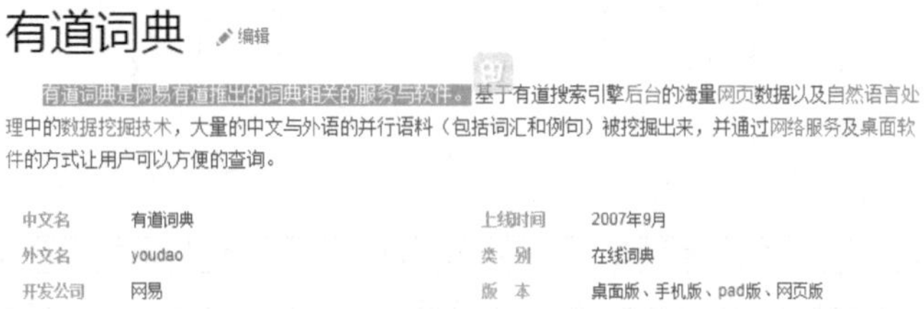

有道词典
编辑
有道词典是网易有道推出的词典相关的服务与软件。基于有道搜索引擎后台的海量网页数据以及自然语言处理中的数据挖掘技术，大量的中文与外语的并行语料（包括词汇和例句）被挖掘出来，并通过网络服务及桌面软件的方式让用户可以方便的查询。
中文名　有道词典
外文名　youdao
开发公司　网易
上线时间　2007年9月
类　别　在线词典
版　本　桌面版、手机版、pad版、网页版

图 2-7-11　有道词典“划词”功能 1

步骤 4：选择文本后，文本旁边出现有道词典小图标，单击小图标即可进行翻译，如图 2-7-12 所示。

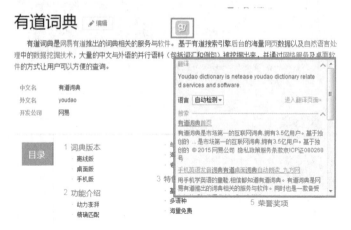

图 2-7-12　有道词典"划词"功能 2

 知识链接

有道词典是网易有道推出的与词典相关的服务与软件。它基于有道搜索引擎后台的海量网页数据，以及自然语言处理中的数据挖掘技术，将大量的中文与外语的并行语料（包括词汇和例句）挖掘出来，并通过网络服务及桌面软件的方式使用户可以方便地查询。目前有道词典已经有多个版本，包括桌面版、手机版、Pad 版、网页版、有道词典离线版、Mac 版以及各个浏览器插件版本。下载有道词典后，有道词典通过内置的巨大词汇库、例句库为使用者在离线状态下查阅例句提供了方便。

任务 8　火狐浏览器的使用

 任务目标

1．能够在 Windows 7 中安装火狐浏览器。
2．理解将火狐浏览器设置为默认浏览器的作用。
3．熟练掌握将火狐浏览器中标签同步的方法。
4．熟练掌握火狐浏览器中工具栏和菜单的定制方法。
5．了解火狐浏览器中附加组件的添加方法。

 任务描述

某公司员工张明由于经常上网填写资料与客户沟通，他觉得自己的 IE 浏览器不够个性化，安全性也不是特别好，他询问雷军有没有既能符合个性化需求，又安全的浏览器。雷军说有很多第三方浏览器可以使用，但是推荐使用火狐浏览器。

操作步骤

1. 火狐浏览器的下载与安装

步骤 1：登录火狐浏览器官方网站"http://www.firefox.com.cn"，下载火狐浏览器。

步骤 2：下载安装包后，双击安装包进行安装，进入安装界面，如图 2-8-1 所示。

图 2-8-1 火狐浏览器安装界面

步骤 3：单击"下一步"按钮，如图 2-8-2 所示，可以选择自己喜欢的安装方式，这里选择"典型"安装方式，单击"下一步"按钮，进入选择软件安装位置界面。

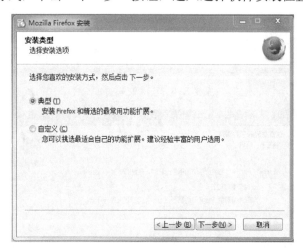

图 2-8-2 选择安装方式

步骤 4：选择软件的安装位置，这里不能进行选择，如果需要安装到其他位置，则需要手动输入安装位置（图 2-8-3）。如果要将 Firefox 作为默认浏览器，则需要选中"让 Firefox 作为我的默认浏览器"复选框，单击"下一步"按钮，进入软件安装界面，如图 2-8-4 所示。

步骤 5：安装完毕后，安装程序自动进入第三方工具选项界面，可以根据自己的需要进行选择，如图 2-8-5 所示。

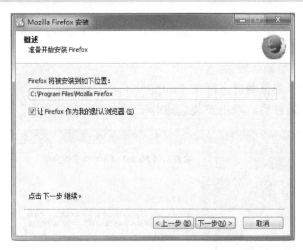

图 2-8-3　选择安装路径

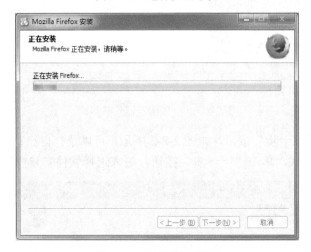

图 2-8-4　软件安装界面

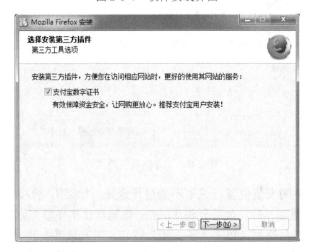

图 2-8-5　选择安装第三方插件

步骤 6：单击"下一步"按钮，完成软件的安装，如图 2-8-6 所示。

图 2-8-6　完成火狐浏览器的安装

2. 设置火狐浏览器为默认浏览器

张明安装完火狐浏览器后上网体验了一下，速度确实比较快，他想以后打开网页都用此浏览器，他问雷军，如何设置火狐浏览器为默认浏览器呢？雷军告诉张明在安装时，如果在前面的步骤 4 中选中了将火狐浏览器设置为默认浏览器复选框，则这里不用再设置，如果未设置，则可以进行如下操作。

步骤 1：双击打开火狐浏览器，如图 2-8-7 所示，单击浏览器右上角的"打开菜单"按钮，选择"选项"选项，弹出"选项"对话框。

图 2-8-7　打开火狐浏览器

步骤 2：在"选项"对话框中选择"常规"选项卡，进入"常规"设置，如图 2-8-8 所示。

步骤 3：根据自身需要进行选择，在"启动"选项组中选中"始终检查 Firefox 是否是您的默认浏览器"复选框，还可以选择启动时显示的主页，如图 2-8-9 所示。

步骤 4：在"常规"选项卡中还可以进行默认下载路径的设置，以及浏览器历史记录自动清除的设置，如图 2-8-10 所示。

图 2-8-8 "常规"选项卡

图 2-8-9 选中"始终检查 Firefox 是否
是您的默认浏览器"项

图 2-8-10 设置浏览器的文件下载路径和自动清除历史记录

步骤 5：设置完成后，单击"确定"按钮即可。

3. 火狐浏览器实现同步

张明有很多电子设备，如计算机、手机、平板电脑，他想将浏览器中的标签页、书签、密码、组件等功能同步到不同的设备中。雷军告诉他火狐浏览器可以很好地完成不同设备上的标签页的收藏，以及多个设备同一账号的信息共享。火狐浏览器实现多个设备信息同步的设置如下。

步骤 1：打开火狐浏览器，默认情况下不显示菜单栏，需要在浏览器顶部任意位置右击，在弹出的快捷菜单中选择"菜单栏"选项，将菜单栏显示出来，如图 2-8-11 所示。

步骤 2：执行"工具"→"设置同步"命令，打开"Firefox 同步"标签页，单击"开始使用"按钮，如图 2-8-12 和图 2-8-13 所示。

图 2-8-11　显示火狐菜单栏设置

图 2-8-12　执行"设置同步"命令

图 2-8-13　"开始使用"按钮

步骤3：填写用户常用邮箱和密码，单击"注册"按钮，如图2-8-14所示。

步骤4：确认账号，并提示"验证链接已送到：×××××@qq.com"，如图2-8-15所示。

图 2-8-14　创建火狐通行证 　　　　　　　　图 2-8-15　确认账号

步骤 5：登录刚刚注册用到的邮箱，并找到火狐浏览器发送的验证邮件，打开火狐浏览器发送的邮件，进入详情页面，单击"验证"按钮，如图2-8-16所示。

图 2-8-16　邮件验证账号

步骤 6：这时会提示"账号已验证"，如图2-8-17所示。

图 2-8-17　账号验证成功

步骤 7：选择"工具"→"选项"选项，在弹出的"选项"对话框中选择"同步"选项卡，如图 2-8-18 所示。

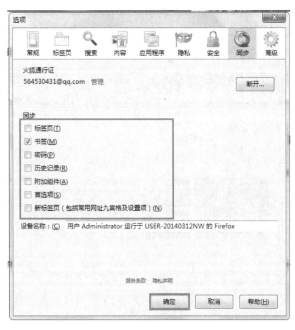

图 2-8-18 "同步"选项卡

步骤 8：根据需要选择同步的内容，如图 2-8-19 所示。

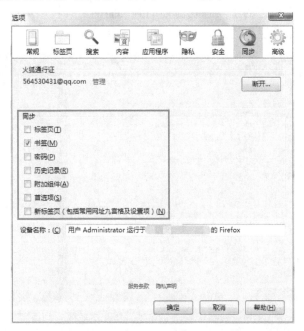

图 2-8-19 选择需要同步的内容

步骤 9：在登录其他设备的火狐浏览器时，可以利用刚才注册的用户名和密码登录，在其他设备中的内容可以与正在使用的设备同步。

4．火狐浏览器工具栏和菜单的定制

张明想把火狐浏览器中常用的工具添加到工具栏或者菜单项中，但他不知道如何添加，他请教了雷军，雷军很耐心地向他进行了讲解。

步骤1：打开火狐浏览器，单击浏览器右上角的"主菜单"按钮，选择"定制"选项，进行页面的定制，如图2-8-20所示。

图2-8-20　选择"定制"选项

步骤2：进入定制页面之后，可以看到有"工具"的定制、标题栏定制、工具栏显示与隐藏等，可以将没有设置的工具和功能拖动到页面的工具栏、菜单栏和主菜单项当中，也可以将工具栏和主菜单栏中的工具拖动到其他位置，如图2-8-21所示。

图2-8-21　设置火狐浏览器工具栏和菜单的定制内容

步骤3：单击页面下方的"主题"下拉按钮，可以设置浏览器的主题，如图2-8-22所示。

步骤 4：设置完成后，单击"退出定制"按钮即可完成定制，如图 2-8-23 所示。

图 2-8-22　设置浏览器的主题

图 2-8-23　退出定制

知识链接

1．第三方浏览器

第三方浏览器是指除 Internet Explorer 和 MSN Explorer 外，即非系统集成的不基于 IE 的、非 Microsoft 公司开发的浏览器，是可以在 Windows 平台运行的浏览器。

2．火狐浏览器

火狐浏览器是一个开源网页浏览器，使用 Gecko 引擎，支持多种操作系统，如 Windows、Mac 和 Linux 等。

任务 9　文件粉碎

任务目标

1．熟练掌握超级文件粉碎机的下载方法。
2．能够利用超级文件粉碎机粉碎文件。

任务描述

某公司员工张明在办公中发现，一些文件总是无法删除，即使杀完毒还是无法删除，他问雷军有什么好的解决方法，雷军告诉他可以用超级文件粉碎机软件，把计算机上的文件彻底删除，不留痕迹。

操作步骤

1．超级文件粉碎机的下载

步骤 1：利用迅雷软件中下载的 360 安全卫士来完成下载，安装完 360 安全卫士后，启用其软件管家，如图 2-9-1 所示。

图 2-9-1　360 安全卫士界面

步骤 2：在打开的 360 软件管家中输入"超级文件粉碎机"，单击"搜索"按钮，如图 2-9-2 所示。

图 2-9-2　在搜索栏输入"超级文件粉碎机"

步骤 3：在搜索的结果中选择超级文件粉碎机进行纯净安装，如图 2-9-3 所示。

图 2-9-3　选择"纯净安装"

步骤 4：在弹出的安装向导对话框中单击"继续"按钮，如图 2-9-4 所示。

步骤 5：在选择目标位置时单击"浏览"按钮，选择超级文件粉碎机的安装位置，如图 2-9-5 所示。

步骤 6：如图 2-9-5 所示，单击"继续"按钮，进入超级文件粉碎机的安装界面，单击"安装"按钮，进行软件的安装，如图 2-9-6 所示。

步骤 7：软件在系统中安装完毕后，单击"完成"按钮，即可完成软件的安装，如图 2-9-7 所示。

图 2-9-4　进入安装向导界面

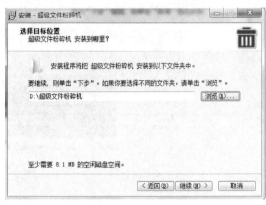

图 2-9-5　选择安装路径

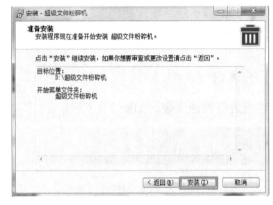

图 2-9-6　"准备安装"界面

图 2-9-7　完成安装

2．文件粉碎

步骤 1：在桌面或者"开始"菜单中找到超级文件粉碎机，打开超级文件粉碎机，如图 2-9-8 所示。

图 2-9-8　"超级文件粉碎机"界面

步骤 2：可以单击"添加"按钮选择需要粉碎的文件夹，也可以将任意文件直接拖动到粉碎窗口中，如图 2-9-9 所示。

步骤 3：单击"开始粉碎"按钮进行文件的粉碎。

步骤 4：如果确定不需要文件，则可以单击"退出"按钮退出软件，如图 2-9-10 所示。

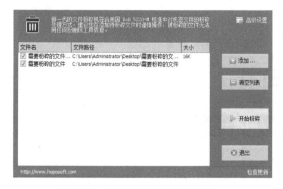
图 2-9-9　选择需要粉碎的文件

图 2-9-10　退出软件

 知识链接

1．超级文件粉碎机

超级文件粉碎机符合美国 DoD 5220-M 标准中对机密文件的粉碎处理方式，所以在添加待粉碎文件时需要谨慎操作，被粉碎的文件无法用任何恢复工具恢复。

2．日常的文件删除与超级文件粉碎机的删除

当用户删除文件时，其实操作系统并未将该文件从存储介质上真正删除，而仅仅是在文件分配表中将该文件的相关信息删除，并将该文件的存储空间标记为可写。所以被删除的文件通常可以用一些文件恢复工具进行恢复。而超级文件粉碎机能够将用户指定的文件不可恢复地彻底删除。如果不希望自己删除的文件被他人用文件恢复工具进行恢复，则应使用此工具来删除重要文档。

其特色如下：高效率，高准确性，绿色软件，小体积。

项目小结

通过实施本项目的 9 个任务，想必读者已经对职场中基本办公软件的使用有了一个初步了解。本项目从文件阅读、转换、存储、下载及网页浏览等方面，使读者真正体会到计算机在日常办公中的用途，并为自己成为"职场达人"奠定基础。

项目3
多媒体工具软件的使用

项目目标

1. 了解各种多媒体工具软件的特点。
2. 掌握利用多媒体工具软件进行操作的方法和步骤。

项目描述

本项目将通过7个任务讲解关于音频、视频、图片、格式转换、屏幕录像等多个多媒体工具软件的特点、操作方法和步骤，并通过实例来引导大家使用各种多媒体工具软件。

任务1　光影魔术手的使用

任务目标

1. 学会从网上下载光影魔术手软件的可执行文件。
2. 熟练使用光影魔术手软件为单个图片添加水印，用矩形工具和多边形工具去除图片中的水印和瑕疵。
3. 熟练使用光影魔术手软件批量调整图片格式、文件尺寸、文件大小、水印。
4. 学会使用文字模板为焦点图添加统一样式的模板，为图片添加个性样式的标题。
5. 了解光影魔术手软件的整体操作流程和注意事项。

任务描述

张明是某网站公司的网站编辑，他每天的工作是为网站上传文章、图片，但是每张图片都需要添加自己公司的水印或者标志，而且要大批量地添加水印。如果一张一张地制作要花费很多时间，有没有办法能够快速地为批量图片添加水印呢？

此外，许多图片需要添加统一样式的标题，或者为几张图片添加多个标题，这些都难倒了刚从事网站编辑的张明，他请教了公司的技术总监雷军。

雷军向张明讲解了作为网站编辑需要掌握的一个很重要的软件——光影魔术手，以及整个光影魔术手的使用方法。

![操作步骤图标] **操作步骤**

1. 光影魔术手界面

光影魔术手是一个对数码照片画质进行改善及进行效果处理的软件，简单、易用、功能强大。简单的几个步骤，就能使它完成如改变色调、尺寸、角度、缩放、添加水印等操作。其官方网址为"http://www.neoimaging.cn"。

以下是光影魔术手的工作界面，如图 3-1-1 所示。

图 3-1-1　"光影魔术手"工作界面

2. 为图片加水印及其标志

网站的原创图片需要加上水印，这样在使用本图片时，可以起到对网站进行宣传的作用。在网络中的贴吧或论坛中见到的图片，通常都是加上了本网站水印的图片。

步骤 1：使用光影魔术手打开图片，如图 3-1-2 所示。

图 3-1-2　在光影魔术手环境下打开图片

步骤 2：单击右上方的"水印"按钮，加入文件夹中的水印图片，可以对水印图片进行设置，如图 3-1-3 所示。

图 3-1-3 "水印"按钮

步骤 3：对水印的设置一般有下列要求。

水印应处于图片右下角，背景透明，透明度为 60%，水印图片大小不超过 100px×60px，如图 3-1-4 所示。

图 3-1-4 水印设置的要求

步骤 4：对图片进行另存为操作，这样可以保存已经添加完的水印效果，如图 3-1-5 所示。

图 3-1-5 保存水印效果

3. 批量为图片加水印

日常生活中，通常会遇到批量添加水印、调整图片格式、调整文件尺寸的情况，下面来介绍如何使用光影魔术手来对图片进行批量加水印处理。

步骤 1：使用光影魔术手打开需要批量处理的图片，在光影魔术手工作界面中，单击界面上方的"批处理"按钮，弹出"批处理"对话框，单击"添加文件夹"按钮，打开"美国风光游"文件夹，如图 3-1-6 所示。

图 3-1-6　打开"美国风光游"文件夹

步骤 2：单击"下一步"按钮，弹出操作框，如图 3-1-7 所示。

图 3-1-7　批处理操作框

各种批处理动作包括：批量调整尺寸、批量添加文字、批量添加图片水印、批量添加边框、批量裁剪、批量插入模板、批量扩边、一键动作。

步骤 3：单击"添加水印"按钮，进入水印的属性设置界面，在此找到水印图片，将水印的透明度同样设置为 60%，旋转角度为 0，定位于右下角，水平边距、垂直边距可随自己需要调节，如图 3-1-8 所示。

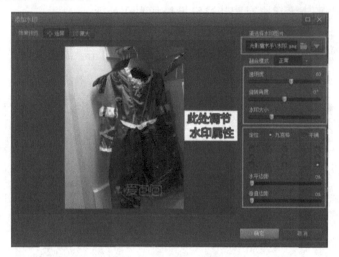

图 3-1-8　设置水印属性

步骤 4：如果想继续批量处理图片，则可以参照图 3-1-7 中的动作设置。例如，为所有的图片添加新的边框，可单击"添加边框"按钮，选择"花样边框"中的"a-pins"选项，单击左下角的"预览"按钮，则可以将刚才批量添加的水印和批量添加的边框效果进行预览，如图 3-1-9 所示。

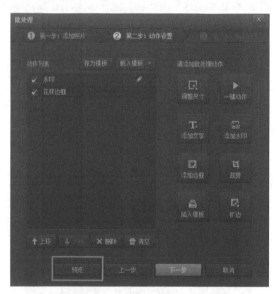

图 3-1-9　预览批处理的图片

步骤 5：预览完后，可以直接单击"下一步"按钮，进入输出设置界面，此界面可以设置输出路径、输出文件名、输出格式等内容。单击"开始批处理"按钮，则可以直接进行批处理。图 3-1-10 和图 3-1-11 所示为图片处理前和图片处理后的对比，使用光影魔术手对图片进行"批处理"既快捷又方便。

图 3-1-10　批处理前的图片　　　　　　　　图 3-1-11　批处理后的图片

4.快速在图片上添加文字

在日常工作中，经常需要为截取的图片添加文字，以便用户更好地了解图片内容，如网站首页的焦点图、正文中的配图或微博中的对比图等都带有文字，那么应该如何高效地为图片添加文字呢？

步骤 1：在图片中添加文字样式。使用光影魔术手打开需要添加文字的图片"食品安全.jpg"，单击工具栏中的"文字"按钮，此时右侧会显示文字面板，在输入框中输入想要在图片中显示的内容即可，此处输入"揭秘两会食品安全"。

① 文字属性如下：

"字体"为"微软雅黑"，"颜色"为"白色"，"样式"为"粗体"，"对齐"为"居中"，"排列"为"横向"。

② 高级设置如下。

为了让文字在任何背景下都显示清晰，选中"描边"效果，颜色为"黑色"，"粗细"为"10px"。

为了让文字更有立体感，选中"阴影"效果，"颜色"为"黑色"，"粗细"为"7px"。

通过拖动文字的四边区域来调整文字的大小，文字所占区域建议不要过大，位置一般在图片正下方，与下边缘有些距离效果会更佳，如图 3-1-12 所示。

图 3-1-12　设置文字属性

步骤 2：将文字样式保存为"模板"。为了下次使用时，不再次设置文字样式，可以将以上的文字样式设置成模板。右击刚才设置的文字，在弹出的快捷菜单中选择"保存为文字模板"选项，将模板命名为"两会文字模板"，新的模板即可建立完成，如图 3-1-13 所示。

图 3-1-13　建立新模板

建立之后的模板可以在右侧的"添加新的文字"下拉列表中查看到，如图 3-1-14 所示。

步骤 3：另存此图片，添加文字的图片即可制作完成。

步骤 4：使用文字模板，添加图片文字。

将图片"两会细节"载入光影魔术手，在"添加新的文字"下拉列表中选择"两会文字模板"选项，在图片上面出现了与之前一样的文字，只需将文字更改为"更多两会细节公布"即可，另存图片，如图 3-1-15所示。

图 3-1-14　"添加新的文字"下拉列表

图 3-1-15　更改文字

知识拓展

1．添加水印的规则

为图片添加水印时，一般需要符合如下规则。

（1）网站中需要添加水印的图片一般为原创图片。

（2）水印也是一张图片，需要提前制作好，大小一般不超过 100px×60px 像素，水印一般为扩展名是".gif"的透明背景图，水印中应该有本网站的网址。

（3）水印添加规范为处于右下角，背景透明，透明度为 60%。

（4）一张图片只能添加一张水印，水印不能遮盖图片的重要内容。

（5）原始图片（未加水印的图片）应该保存好。

2．添加文字的注意事项

快速在图片上添加文字，需要遵循下列的注意事项。

（1）为图片添加文字时，需要先调整图片尺寸，再添加文字。

（2）建议字体颜色为白色，阴影像素可以设置为 7px，只要修改字体，描边颜色即可实现很多效果。

（3）可以将经常使用的样式保存为"模板"。

（4）文字不应该遮挡图片的主要内容，建议放在图片正下方。

（5）添加完图片后，选择"另存为"选项。

知识链接

光影魔术手是一款针对图像画质进行改善提升及效果处理的软件。它简单、易用，不需要任何专业的图像技术，就可以制作出专业胶片摄影的色彩效果，且其批量处理功能非常强大，是摄影作品后期处理、图片快速美容、数码照片冲印整理时必备的图像处理软件，能够满足绝大部分照片后期处理的需要。

任务 2　使用 Snagit 抓取连续滚动屏幕和动态活动

任务目标

1．了解 Snagit 软件的下载和安装方法。

2．熟练掌握运用 Snagit 抓取图像、滚动图像的方法。

3．学会使用 Snagit 录制 Windows 桌面屏幕上的活动。

4．学会使用 Snagit 抓取文本。

5．了解 Snagit 的发展和 OCR 软件的概念。

任务描述

张明最近策划了一次活动，需要大量运用网页中的截图，对于一个屏幕上面的截图，他使用 QQ 截图工具可以很方便地获得，但是有些图片不能在一屏上显示完，需要分开截图再合并，浪费了他好多工作时间。

他向雷军求助，雷军给张明介绍了一种可以方便截取连续滚动屏幕的软件 Snagit。

 **操作步骤**

1. Snagit 软件的下载和安装

Snagit 的安装程序可以从官方网站"http://www.snagit.com.cn/download.html"上下载，下载的软件是英文版的。如果想下载中文汉化版的，则可以通过太平洋下载中心、起点下载等国内软件下载网站搜索下载，安装方法也很简单，默认设置即可。

这里使用的版本是 Snagit 11，它有 3 种显示模式。

（1）缩略图模式，如图 3-2-1 所示。

（2）视图模式，如图 3-2-2 所示。

（3）Snagit 一键模式，如图 3-2-3 所示。

图 3-2-1　缩略图模式

图 3-2-2　视图模式　　　　　　　　　　　　图 3-2-3　Snagit 意见模式

2. 使用 Snagit 捕捉图像

步骤 1：了解捕获类型。在捕捉图像之前，先要了解捕捉图像的捕获类型有哪些，如图 3-2-4 所示。

图 3-2-4　捕捉图像的捕获类型

可以看到，Snagit 有全部、区域、窗口、滚动、菜单、自由绘制、全屏等多种捕捉类型。

步骤 2：捕获单个图标。假设需要捕捉"计算机"图标，则可以选择"高级"→"对象"选项，此时单击"捕获"按钮，如图 3-2-5 所示，可以看到轻轻松松地完成了单个图标的捕捉，如图 3-2-6 所示。

图 3-2-5　"捕获"按钮　　　　　图 3-2-6　捕捉单个图标

步骤 3：捕获单个窗口。假设需要捕获窗口，则可以选择"高级"→"窗口"选项，单击"捕获"按钮，即可捕获单个窗口，如图 3-2-7 所示。

图 3-2-7　捕获单个窗口

步骤 4：捕获滚动窗口。如果想要捕获连续的页面，则可以选择"高级"→"窗口"选项，单击"捕获"按钮，在页面中即可得到如图 3-2-8 所示的小图标。

图 3-2-8　捕获滚动窗口

单击❤图标，当出现文字"正在捕捉，请稍后"的提示时，用鼠标滑轮滑动整个页面，确保将需要捕捉的画面全部滚动完，即可完成整个页面的捕捉。完成后，可以查看捕捉到的页面或者文本效果，如图 3-2-9 所示。

图 3-2-9　捕获滚动窗口的效果

步骤 5：捕捉自由绘制区域。如果想要捕获自由绘制区域的页面，则可以选择"高级"→"自由绘制"选项，单击"捕获"按钮，即可自由捕捉。

例如，想要捕捉一个三角形区域的内容，则可以绘制一个三角形的区域，但要注意其他的区域是透明的。

步骤 6：捕获全屏。如果想要捕获全屏图像，则可以将"捕获类型"设置为"全屏"方式，如图 3-2-10 所示。

图 3-2-10　捕获全屏

3. Snagit 录制 Windows 桌面屏幕上的活动

Snagit 除了可以截取连续的屏幕或图像外，还可以录制桌面屏幕上的活动，只需要在界面下方"捕获类型"中选择"区域"，将捕获内容更改为"视频"，单击 ⬤ 按钮，即可完成整个 Windows 桌面屏幕上活动的录制，如图 3-2-11 所示。

图 3-2-11　捕获视频

4. 使用 Snagit 抓取文本

OCR 技术使得将非文字转化为文字成为可能，通常人们把要复制的文字拍成图片或截图，再通过 OCR 软件将图片中的文字提取出来。而 Snagit 软件跳过了截图这个步骤，选取文字区域后可以直接提取出区域内的文字。

步骤 1：打开 Snagit 软件，在右下角单击"文本"按钮，单击红色按钮进行区域选取，Snagit 会主动隐藏，如图 3-2-12 所示。

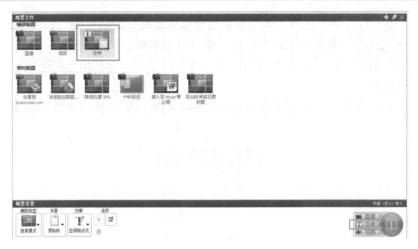

图 3-2-12　区域选取

步骤 2：Snagit 会智能选取当前窗口，这里以 TXT 文本为例，单击以结束选取，如图 3-2-13 和图 3-2-14 所示。

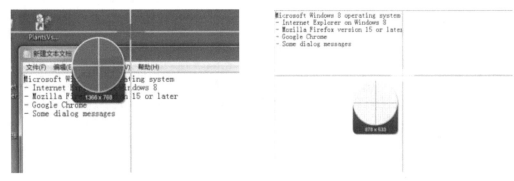

图 3-2-13　智能选取当前窗口　　　　　　　　　图 3-2-14　结束窗口选取

步骤 3：可以看到文字进入了 Snagit 编辑器，可以直接保存或进行编辑，如图 3-2-15 所示。

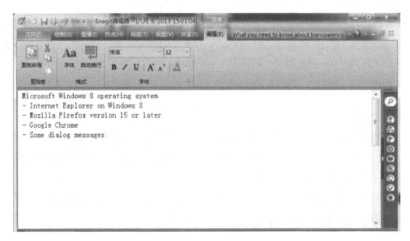

图 3-2-15　文本提取完成

注意 ● ● ●

　　Snagit 并非十全十美，它的文字提取功能也有局限性；暂不支持 Windows 8 系统、火狐浏览器、谷歌浏览器和一些对话文字。

知识链接

1. Snagit

　　Snagit 是 Windows 应用程序，可以捕捉、编辑、共享用户计算机屏幕上的一切对象。

　　Snagit 是一个非常著名的优秀屏幕、文本和视频捕获、编辑与转换软件。它可以捕获 Windows 屏幕、DOS 屏幕；RM 电影、游戏画面；菜单、窗口、客户区窗口、最后一个激活的窗口或用鼠标定义的区域。捕获的视频只能保存为 AVI 格式。文本只能够在一定的区域内进行捕捉。图像可保存为 BMP、PCX、TIF、GIF、PNG 或 JPEG 格式，使用 JPEG 可以指定所需的压缩级（1%～99%）。在软件中可以选择是否包括光标或添加水印。另外，它还具有自动缩放、颜色减少、单色转换、抖动，以及转换为灰度级等功能。

　　Snagit 在保存屏幕捕获的图像之前，还可以用其自带的编辑器编辑；也可选择自动将其送至 Snagit 虚拟打印机或 Windows 剪贴板中，或直接用 E-mail 发送。

　　Snagit 具有将显示在 Windows 桌面上的文本块直接转换为机器可读文本的独特能力，有些类似于某些 OCR 软件，这一功能甚至无需剪切和粘贴。该程序支持 DDE，所以其他程序可以控制和自动捕获屏幕、还能嵌入 Word、PowerPoint 和 IE 浏览器。

　　利用 Snagit 的捕捉界面，能够捕捉用户 Windows PC 上的图片、文本和打印输出，通过内嵌编辑器，可以对捕捉结果进行改进，Snagit Screen Capture 增强了用户 PrintScreen 键的功能。

2. OCR 文字识别软件

　　利用 OCR（Optical Character Recognition，光学字符识别）技术，可以将图片、照片上的文字内容直接转换为可编辑的文本。

任务 3　使用 Inpaint 软件

任务目标

　　1. 熟练使用 Inpaint 软件中的矩形工具和多边形工具去除图片中的水印和瑕疵。

　　2. 了解 Inpaint 软件的整体操作流程和注意事项。

任务描述

　　张明是某公司的活动策划，他每天的工作是策划相关的活动并且设计海报。双 11 快到了，张明要为客户策划"淘宝双 11 活动"，需要制作海报，但他在网上找到的图片总是带有水印，使用 Photoshop 软件去水印又有些烦琐，有没有一个又快又方便，能轻轻松松一步去水印的方法呢？他向同事雷军请教，雷军给他推荐了 Inpaint。

雷军向张明讲解了整个 Inpaint 软件的下载和使用方法。

操作步骤

1. Inpaint 软件的运行

步骤：双击 Inpaint 桌面图标，即可进入 Inpaint 软件界面，如图 3-3-1 所示。

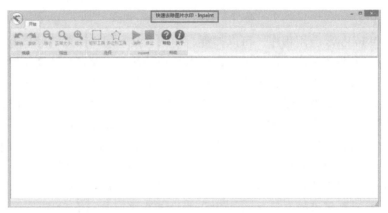

图 3-3-1　Inpaint 软件界面

2. 矩形工具的使用

步骤 1：打开需要去除水印的原图片，如图 3-3-2 所示，单击 Inpaint 软件左上角的 Inpaint 按钮，选择"打开"选项，如图 3-3-3 所示，找到需要去除水印的原图片并导入到 Inpaint 软件中。

图 3-3-2　打开要去除水印的图片

图 3-3-3　导入要去除水印的图片

步骤 2：Inpaint 软件的"开始"选项卡中有两个选择工具，一个是矩形工具，另一个是多边形工具，一般图片的水印为矩形，所在的区域一般在图片的左上、左下、右上、右下，在此选择矩形工具，把需要消除的水印用矩形工具选中，此图的水印在右上角，水印为"PSD 高清素材下载，放心使用"，如图 3-3-4 所示。

图 3-3-4　用矩形工具选择水印

步骤 3：选取之后，单击"开始"选项卡中的"消除"按钮，即可清除水印，如图 3-3-5 所示。

图 3-3-5　清除水印

步骤 4：保存去除水印之后的图片。按【Ctrl+S】组合键或者在 Inpaint 软件左上角单击 Inpaint 按钮，选择"保存"选项，保存去除水印之后的图片；如想保存原图，则可单击 Inpaint 按钮，选择"另存为"选项，图 3-3-6 所示为去除水印之后的图片效果。

图 3-3-6　去除水印之后的图片效果

3. 多边形工具的使用

听完了雷军的讲解，张明异常兴奋，终于找到了方便好用的软件，但如果有些图片中有一些"多余或者瑕疵"的元素，但是这些元素又不像水印一样是矩形或者正方形的规则图形，这些图案能不能像水印一样快速地被去掉呢？

步骤 1：如图 3-3-7 所示，利用 Inpaint 软件打开需要去掉"瑕疵"的图片。

图 3-3-7　打开"瑕疵"图片

步骤 2：选择"开始"选项卡中的多边形工具，将需要去除的"瑕疵"全部选中，注意开始结点与结束结点需要落在一起，如图 3-3-8 所示。

步骤 3：单击"消除"按钮，如图 3-3-9 所示，此时这个滑雪的人物从雪场上瞬间消失了。

图 3-3-8　选中需要去除的"瑕疵"

图 3-3-9　消除"瑕疵"

步骤 4：保存图片，如图 3-3-10 所示，图片上只剩下了阳光和白雪皑皑的滑雪场。

4．使用 Inpaint 软件操作的整体流程和注意事项

听完了雷军的讲解，张明想让雷军帮忙总结一下这个软件的整体操作步骤和需要注意的事项。

（1）整体流程。

步骤 1：使用 Inpaint 打开需要处理的图片文件。

步骤 2：使用矩形工具或多边形工具选择需要处理的内容。

步骤 3：单击消除按钮。

步骤 4：保存图片。

（2）注意事项。

图 3-3-10 最终效果图

① 优先使用 Inpaint 软件处理图片水印，如果达不到效果，可再使用 Photoshop 软件进行处理。

② 尽量以最小的选区、完整地选取需要处理的图片区域，必要时可使用多边形工具。

 知识链接

Inpaint 是一款可以从图片上去除不必要的物体，轻松摆脱照片上的水印、划痕、污渍、标志等瑕疵的实用型软件；简单来说，Inpaint 是一款强大实用的图片去水印软件，图片中不想要的部分，如额外的线、人物、文字等，选定后 Inpaint 会自动进行擦除。同时，Inpaint 会根据附近图片区域重建擦除的区域，使其看起来完美无瑕，没有痕迹。

任务 4 CoolEdit 音频处理

 任务目标

1．了解 CoolEdit 软件的操作方法。
2．熟练掌握运用 CoolEdit 录制个人自唱歌曲的全过程。
3．学会使用 CoolEdit 对音频进行后期降噪、静音和混响处理。

任务描述

张明最近迷上了唱歌，他渴望像歌星一样拥有自己的唱片，但是去录音棚录制歌曲花费很大，能不能在家轻轻松松地录制自唱歌曲呢？

雷军向他推荐了软件 CoolEdit，并现场录制了自己最拿手的歌曲，从前期的录制歌曲，

到降噪再到音频后期处理，张明觉得这个软件十分强大。

下面来介绍这个软件的使用方法。

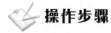 **操作步骤**

1．CoolEdit 软件的安装和界面

CoolEdit 是一款非常出色的数字音乐编辑器和 MP3 制作软件。有人把 CoolEdit 形容为音频"绘画"程序，可以用声音来"绘"制音调和歌曲的弦乐、颤音、噪声或调整静音。它还提供了多种特效为用户的作品增色，如放大或降低噪声、压缩、扩展、回声、失真、延迟等。可以同时处理多个文件，轻松地在几个文件中进行剪切、粘贴、合并、重叠声音等操作。

使用 CoolEdit 可以生成噪声、低音、静音、电话信号等。该软件还包含：CD 播放器，崩溃恢复；支持多文件；自动静音检测和删除；自动节拍查找；录制等功能。另外，CoolEdit 文件还可以和 AIF、AU、MP3、Raw PCM、SAM、VOC、VOX、WAV 等格式文件进行转换，并且能够保存为 RealAudio 格式。

这里使用的版本是 CoolEdit Pro 2.1，图 3-4-1 所示为安装完成后 CoolEdit 软件的界面。

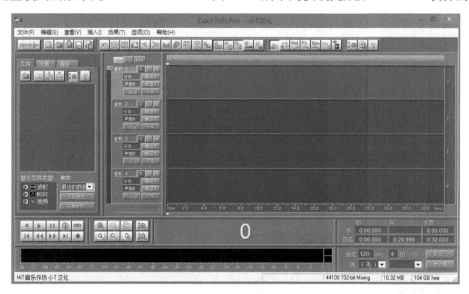

图 3-4-1　CoolEdit 软件界面

2．CoolEdit 录制自唱歌曲

下面是利用 CoolEdit 软件制作自唱歌曲的全过程。

步骤 1：导入伴奏。在 CoolEdit 软件中导入伴奏素材"阴天.mp3"，右击音轨 1 空白处，在弹出的快捷菜单中选择"插入"→"音频文件"选项，找到伴奏素材所在的位置，即可插入伴奏文件。

步骤 2：如图 3-4-2 所示，其中，为单轨/多轨切换按钮，通过单击此按钮可以进行单轨和多轨的切换；

为录音状态按钮，R 为录音专用，S 为独奏，M 为静音；

为轨道模式，上为左声道，下为右声道。

图 3-4-2　界面图解

步骤 3：开始录音。单击音轨 2 中的 R 键，选择在音轨 2 中录制，准备就绪后，单击录音按钮，开始录制自唱歌曲。

步骤 4：录音完毕后，可单击左下方的播放按钮进行试听，看有无严重的出错，是否要重新录制，如图 3-4-3 所示。

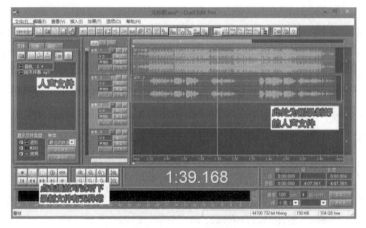

图 3-4-3　试听录音

步骤 5：保存人声文件。双击音轨 2，进入波形编辑界面，如图 3-4-4 所示。

图 3-4-4　进入文件编辑页面

将录制的原始人声文件保存为 MP3 格式，可以节省大量空间，如图 3-4-5 所示。

图 3-4-5　保存文件

3．CoolEdit 后期"降噪"处理

在录制音频的时候，由于环境、设备等的影响，录制出来的歌曲不可能没有噪声，因此需要后期对音频进行降噪处理。降噪是至关重要的一步，处理得好有利于进一步美化自己的声音，处理得不好就会导致声音失真，彻底破坏原声。

下面来讲解如何对音频进行后期降噪处理。

步骤 1：提取噪声样本。使 CoolEdit 处于整个人声文件的波形编辑界面，单击左下方的波形"水平放大"按钮（带+号的两个按钮分别为水平放大和垂直放大按钮）放大波形，以找出一段适合用来作为噪声采样的波形，如图 3-4-6 所示。

步骤 2：抽离采样对象。拖动鼠标直至高亮区完全覆盖所选的那一段波形，右击"高亮部分"，在弹出的快捷菜单中选择"复制为新的"选项，将选定的对象从波形中抽离出来，等待下一步的噪声采样，如图 3-4-7 所示。

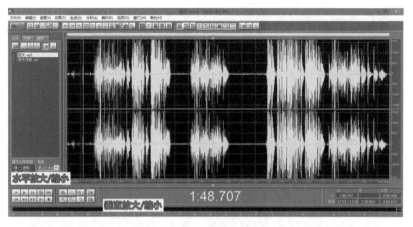

图 3-4-6　选取噪声采样波形

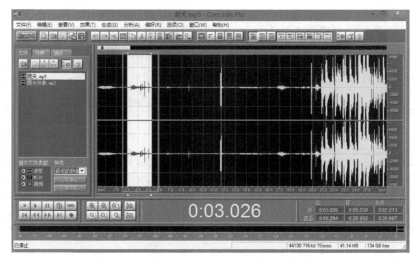

图 3-4-7　抽离采样对象

步骤 3：选择"效果"→"噪声消除"→"降噪器"选项，准备进行噪声采样。

步骤 4：进行噪声采样。降噪器中的参数使用默认数值即可，不可随便更改，因为有可能导致降噪后的人声产生较大的失真，如图 3-4-8 所示。

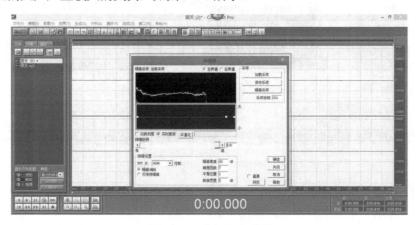

图 3-4-8　进行噪声采样

注意

在确认所选噪声采样对象的波形中未录入明显伴奏音乐的前提下，图 3-4-8 中的参数不要做随意的改动，以保证采样数据正确及不让降噪对人声造成较大的损害，以免导致降噪后出现失真的情况。

所以，关键是录音要录制得好，环境以及电流类噪声可消除，若混入了伴奏音乐，则最好不进行降噪处理。

步骤 5：对采样的噪声进行保存，如图 3-4-9 所示。

步骤 6：关闭降噪器。

步骤 7：选中所有音频，再次执行"效果"→"噪声消除"→"降噪器"命令，单击"加载采样"按钮，可以对整个音频进行降噪处理，在确定降噪前，可先预览试听降噪后的效果（如失真太大，则说明降噪采样不合适，需重新采样或调整参数，但无论何种方式的降噪都会对原声有一定的损害），如图 3-4-10 所示。

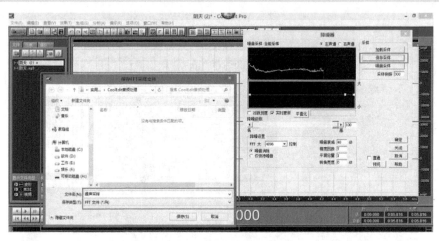

图 3-4-9 对采样的噪声进行保存

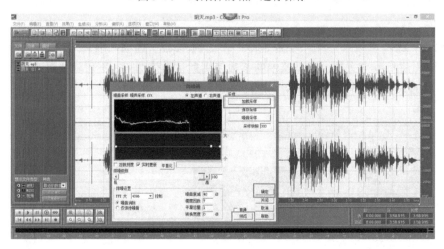

图 3-4-10 "加载采样"设置

步骤 8：降噪处理。降噪可以进行一次，也可以进行数次，其他各类对原声的处理过程都是这样的，只要处理的效果好即可，如图 3-4-11 所示。

图 3-4-11 降噪处理

4．CoolEdit 后期"静音"处理

在录制歌曲过程中，伴奏歌曲的前奏通常很长，在开始录制和录制结束时，多多少少会有不完美的音效出现，因此可以对录制歌曲的开头和结尾采用"静音"处理，具体操作步骤如下。

步骤 1：使 CoolEdit 处于整个人声文件的波形编辑界面，将需要静音的部分选中并以高亮显示，如图 3-4-12 所示。

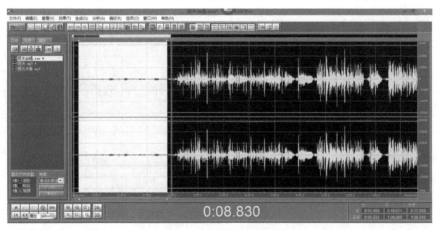

图 3-4-12　选中"静音"内容

步骤 2：选择"效果"→"静音"选项，即可完成静音操作，这样可以使自己的歌曲前奏无任何噪声。

5. CoolEdit 后期"混响"处理

（1）混响。

混响是室内声音的一种自然现象。室内声源连续发声，当达到平衡时（室内被吸收的声能等于发射的声能时）关断声源，在室内仍留有余音，此现象被称为混响。

混响是由于声反射引起的，若没有声反射也就无混响而言，室内声反射可区分以下几类。

① 早期反射：也称轴向反射，经过一次反射便进入人耳的反射声，其幅度较大，对长方形的房间而言，有多达 6 个早期反射声。它对声音的厚实产生影响。

② 早中期反射：也称切向反射，来自同一平面经过两次以上的反射，才进入人耳的反射声，其幅度较早期反射声小。它的密度能反映空间大小，总体频率结构及衰减特性与反射环境密切相关。

③ 后期反射：也称倾斜向反射，来自各个反射面经过多次反射才进入人耳的反射声，其幅度更小、密度更高。

以上 3 种反射声构成了室内的混响，由于其相邻的反射声之间的时间间隔小于 50ms，因此人耳分不出到底有几种反射声，只觉得声音变得厚实、丰满、浑厚。

（2）声音的分类。

声音分为干声和湿声。

干声：又称裸声，属于音频术语，一般指录音以后未经过任何后期处理和加工的原始人声。湿声：音频术语，在 Audition、CoolEdit 中经常能够见到，指的是经过后期处理（混响、调制、压限、变速等音频操作）的声音。

（3）声音加入混响的作用。

如果不加混响，声音会发干，令人非常不舒服。现在听到的音乐大部分是经过混响处理的。

下面介绍如何对音频进行后期混响处理。

步骤 1：选中需要添加混响效果的音频文件，以高亮显示，选择"效果"→"常用效果器"→"混响"选项，打开混响效果器，如图 3-4-13 所示。

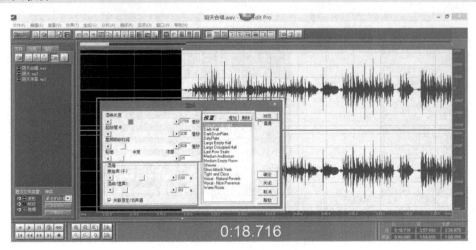

图 3-4-13　打开混响效果器

步骤 2：加载"预置"列表框中的各种效果后（也可手动调节），单击右下方的"预览"按钮进行反复试听，直至调至满意的混响效果为止。

此处选择的效果为"Dark Hall"，原始声（干声）为"130%"，混声（湿声）为 50%。单击"确定"按钮对原声进行混响处理。

6．CoolEdit 混缩合成

执行"文件"→"混缩"→"另存为"命令，便可将伴奏和处理过的人声混缩合成在一起，选择文件类型为 MP3 格式，单击"保存"按钮，如图 3-4-14 所示。

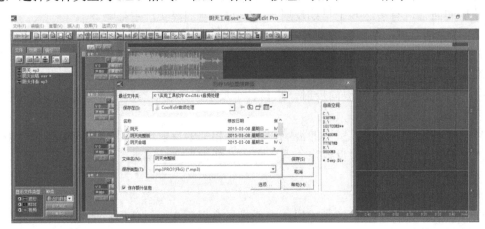

图 3-4-14　混缩合成

至此，录制个人自唱歌曲的步骤结束。

📖 知识链接

1．录制歌曲时的注意事项

在录制个人自唱歌曲时，需要注意如下几个问题。

（1）录制时要关闭音箱，通过耳机来听伴奏，跟着伴奏进行演唱和录音，录制前，一定要调节好总音量及麦克风的音量，这点至关重要。

（2）麦克风的音量最好不要超过总音量，略小一些为佳，如果麦克风音量过大，会使录出的波形成为方波，这种波形的声音是失真的，这样的波形也是无用的，无论唱歌水平多么高超，也不可能处理出令人满意的结果。

（3）如果麦克风总是录入从耳机中传出的伴奏音乐的声音，则建议使用普通的大话筒，只要加一个大转小的接头即可直接在计算机上使用，你会发现录出的效果要干净得多。

2．降噪注意事项

以下是降噪过程中需要注意的地方。

（1）选择的采样部分应尽量短小，大概为 1s，且尽量选择噪声中波形比较居中的部分，以免后面降噪时对人声造成大的损害。

（2）降噪本身就是对声音的一种损害，所以努力提高隔音效果、降低环境噪声是基本的。

（3）虽然 CoolEdit 对母版提供了撤销、前进等操作，但对降噪不适用，一旦发生计算机死机等突发事件，就不能进行恢复操作，所以降噪前后最好随时保存。

任务 5 屏幕录像专家录制教程

任务目标

1．了解"屏幕录像专家"软件的整体安装流程。
2．熟练使用"屏幕录像专家"软件录制一段视频教程。
3．了解"屏幕录像专家"软件的整体操作流程和注意事项。

任务描述

张明是一名中学语文老师，他想录制一段最近在教育界广受好评的微课视频，可是找不到一款既简单又方便的软件，后来他在网上搜索了一下，推荐最多的是"屏幕录像专家"软件。于是他学习了整个软件的下载和使用方法。

操作步骤

1．屏幕录像专家的整体安装过程

步骤 1：安装"屏幕录像专家"2014 版本，安装界面如图 3-5-1 所示。

步骤 2：此时会在桌面上生成软件图标，证明"屏幕录像专家"软件已经安装成功，如图 3-5-2 所示。

注意 ●●●

在安装"屏幕录像专家"软件的过程中，需要安装 LXE 播放器，用于播放"屏幕录像专家"录制的 LXE 格式的动画。

图 3-5-1 "屏幕录像专家"安装界面   图 3-5-2 "屏幕录像专家"桌面快捷方式

2. 利用"屏幕录像专家"录制一段教程

步骤 1：双击图标打开软件，此时会弹出"向导"对话框，可以看到，能通过这个软件录制包括 EXE、LXE、WMV、AVI 等格式的视频。此时选择使用 AVI 格式来录制，如图 3-5-3 所示。

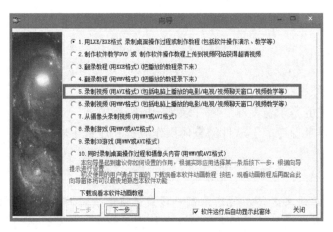

图 3-5-3 选择录制格式

WMV 和 AVI 格式的视频使用一般视频软件即可播放。屏幕录像专家录制的 LXE 格式的文件必须使用本播放器才能播放。屏幕录像专家的 EXE 文件是可以直接播放而不需要播放器的。

① 使用方法。

安装本软件，安装完成后 LXE 文件会自动与本播放器关联。直接双击 LXE 文件即可调用此播放器开始播放。

② LXE 文件播放方法。

方法 1：直接双击 LXE 文件即可打开视频播放。

方法 2：通过执行"开始"→"所有程序"→"屏幕录像专家 LXE 播放器"→"LXE 播放器"选项，运行播放器，播放器会弹出选择文件窗体，选择需要的文件打开即可。

③ EXE 文件播放方法。

方法 1：通过执行"开始"→"所有程序"→"屏幕录像专家 LXE 播放器"→"LXE

播放器"命令，运行播放器，播放器会弹出选择文件窗体，选择需要的文件打开即可。

方法 2：执行"开始"→"所有程序"→"屏幕录像专家 LXE 播放器"→"LXE 播放器"命令，将 EXE 转换成 LXE，通过直接双击 LXE 文件来播放教程。

步骤 2：进入"屏幕录像专家"主界面，如图 3-5-4 所示。可以在右侧区域选择需要录制生成的格式。

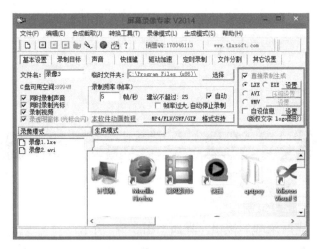

图 3-5-4　"屏幕录像专家"主界面

步骤 3：录制一个简单的视频教程。

此视频教程为用 HTML 制作一个简单的网页。

在"屏幕录像专家"软件中单击左上角的 ▣ 按钮，即可开始录制视频。录制完成之后，按【F2】键结束整个屏幕的录制工作。

此时可以看到在"屏幕录像专家"软件中，左边的文件区域已经列出了刚才录制的视频，可以右击视频，在弹出的快捷菜单中选择"另存为"选项，将录制的教程存放在自己设置的文件夹中，如图 3-5-5 所示。

步骤 4：使用播放器播放视频，如图 3-5-6 所示。

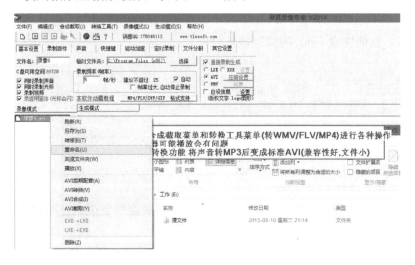

图 3-5-5　保存录制文件

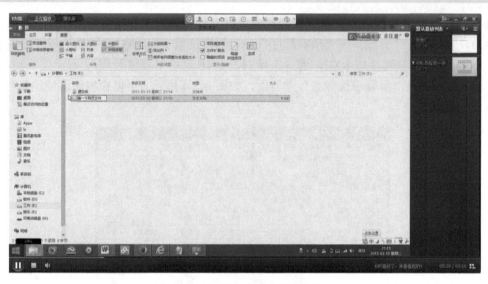

图 3-5-6　使用播放器播放视频

3．屏幕录像专家定时录制视频

步骤1：单击"定时录制"按钮，界面如图 3-5-7 所示。

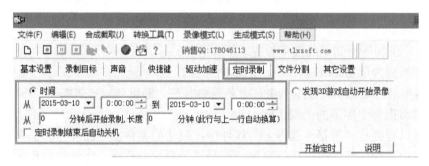

图 3-5-7　"定时录制"按钮

步骤2：将时间调整为如图 3-5-8 所示，单击"开始定时"按钮，如果时间到达，则会开始录制屏幕，从而完成 1min 的录制视频过程。

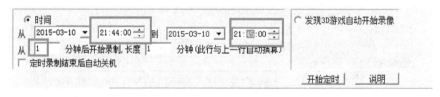

图 3-5-8　调整录制时间

4．屏幕录像专家快捷键设置

步骤1：单击"快捷键"按钮，可以查看利用屏幕录像专家录制视频时使用的快捷键，如图 3-5-9 所示。

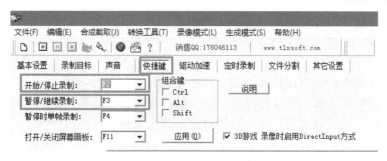

图 3-5-9 "快捷键"列表

步骤 2：快捷键设置如下。

【F2】：开始/停止录制，

【F3】：暂停/继续录制，

【Esc】：结束录制。

 知识链接

"屏幕录像专家"是一款专业的屏幕录像制作工具，这款软件界面是中文版本的，其中的内容并不复杂，录制视频很简单，按设置的快捷键、录制键、三角按钮，即可以录制。使用它可以轻松地将屏幕上的软件操作过程、网络教学课件、网络电视、网络电影、聊天视频等录制成 Flash 动画、WMV 动画、AVI 动画或者自播放的 EXE 动画。此软件具有长时间录像并保证声音完全同步的能力。此软件使用简单，功能强大，是制作各种屏幕录像和软件教学动画的首选。

需要注意的是，未注册此软件时，录制的 AVI 和 EXE 文件在播放时会在屏幕上显示"屏幕录像专家未注册"字样，如图 3-5-10 所示。

注册此软件后，用户可以自己设置要显示的文字，在"生成模式"下，用户可以"自设信息"，即可以设置在录制的录像文件中要显示的文字，只要选中"显示自设信息"，信息就会显示在帧浏览框中，可以直接在帧浏览框中拖动来设置显示的位置。

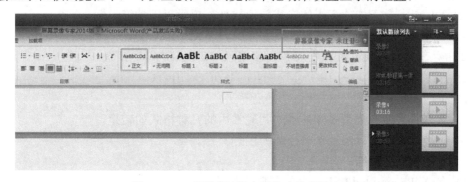

图 3-5-10 "屏幕录像专家"未注册状态

"屏幕录像专家"主要有下列功能。

（1）支持长时间录像并且保证声音同步。

（2）录制生成 EXE 文件，可以在任何计算机中播放，不需附属文件；高度压缩，生成文件小。

（3）录制生成 AVI 动画，支持各种压缩方式。

（4）生成 Flash 动画，文件小，可以在网络上方便使用，可以附带声音并且保持声音同步。

（5）录制生成微软流媒体格式 WMV/ASF 动画，可以在线播放。

（6）支持后期配音和声音文件导入，使录制过程可以和配音分离。

（7）可以使用快捷键录制视频、暂停录制、停止录制、打开画板等。

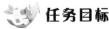
任务6 格式工厂软件的使用

 任务目标

1．熟练使用"格式工厂"进行视频、音频、图片格式的转换。

2．熟练使用"格式工厂"合并视频。

3．了解"格式工厂"和其注意事项。

 任务描述

张明在日常生活中经常下载视频、音频，他发现日常生活中使用的许多音频或视频文件通常具有不同的格式类型，而不同的硬件设备不能同时匹配这些不同的格式文件。如果想要这些不同格式类型的文件在硬件设备上进行播放，则只能对这些文件的格式进行转换。那么，怎样才能快速有效地对其进行转换呢？

他请教了雷军，雷军向他推荐了一款免费格式转换软件——格式工厂，下面来介绍此软件的使用方法。

操作步骤

1．格式工厂的安装界面

格式工厂是一款万能的多媒体格式转换软件，提供以下功能。

（1）所有类型视频转为 MP4/3GP/MPG/AVI/WMV/FLV/SWF 格式。

（2）所有类型音频转为 MP3/WMA/AMR/OGG/AAC/WAV 格式。

（3）所有类型图片转为 JPG/BMP/PNG/TIF/ICO/GIF/TGA 格式。

格式工厂的特长如下：

（1）支持几乎所有类型多媒体格式到最常用的几种格式的转换。

（2）转换过程中可以修复某些损坏的视频文件。

（3）多媒体文件压缩。

（4）支持 iPhone/iPod/PSP 等多媒体制定格式。

（5）转换图片文件支持缩放、旋转、水印等功能。

（6）DVD 视频抓取功能，轻松备份 DVD 到本地磁盘中。

（7）支持 62 种国家语言。

步骤：格式工厂的安装。安装过程比较简单，这里不再赘述，图 3-6-1 所示为安装好的格式工厂软件的界面。

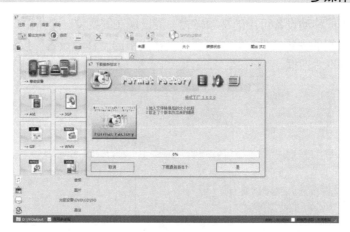

图 3-6-1 "格式工厂"界面

2. 格式工厂视频格式的转换

步骤 1：格式工厂安装完毕后，双击桌面图标即可启动该软件。

步骤 2：视频可转换的格式如图 3-6-2 所示。

下面对各个视频格式进行介绍。

① MP4 格式。

MP4 是一套用于音频、视频信息的压缩编码标准，其主要用于光盘、语音发送（视频电话）及电视广播。

MP4 包含了 MPEG-1 及 MPEG-2 的绝大部分功能及其他格式的长处，而 MP4 比 MPEG-2 更先进，它不再使用宏区块做影像分析，因此当影像变化速度很快、码率不足时，也不会出现方块画面。

② AVI 格式。

AVI 即音频视频交错格式，是将语音和影像同步组合在一起的文件格式，它对视频文件采用了一种有损压缩方式，但压缩比较高，因此尽管画面质量不太好，但其应用范围仍然非常广泛。AVI 支持256 色和 RLE 压缩。AVI 信息主要应用在多媒体光盘上，用来保存电视、电影等各种影像信息。

图 3-6-2 视频格式类型

③ RMVB 格式。

RMVB 是一种视频文件格式，较 RM 格式画面清晰了很多，原因是降低了静态画面下的比特率，可以用 RealPlayer、暴风影音、QQ 影音等播放软件播放。

④ WMV 格式。

WMV 是 Microsoft 公司推出的一种流媒体格式，在同等视频质量下，WMV 格式的文件可以边下载边播放，因此很适合在网上播放和传输。

⑤ MOV 格式。

MOV 即 QuickTime 影片格式，它是 Apple 公司开发的一种音频、视频文件格式，用于存储常用数字媒体类型。当选择 QuickTime（*.mov）作为"保存类型"时，动画将保存为MOV 文件。QuickTime 用于保存音频和视频信息，得到了包括 Apple Mac OS、Microsoft Windows 95/98/NT/2003/XP/7 等在内的主流平台的支持。

步骤 3：转换成移动设备可用的视频格式。假设现在需要将一个 MP4 的视频文件转换成移动 Android 手机端的视频文件，则单击要转换格式中的"移动设备"按钮，弹出如图 3-6-3 所示的"更多设备"对话框。

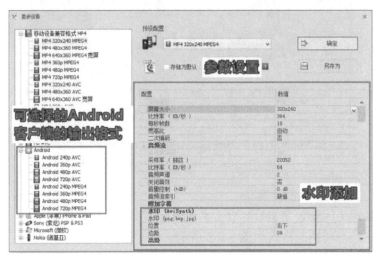

图 3-6-3 "更多设备"对话框

在此可以对视频转换时的一些参数进行设置，如帧数大小、视频编码类型、视频分表率大小、视频音量、加水印等。

例如，可以在转换视频格式时，加上自己的名字或者单位的标志。

步骤 4：转换过程。单击"确定"按钮，弹出如图 3-6-4 所示的"移动设备"对话框，单击"添加文件"按钮，可以将需要转换的视频文件添加到格式工厂中。

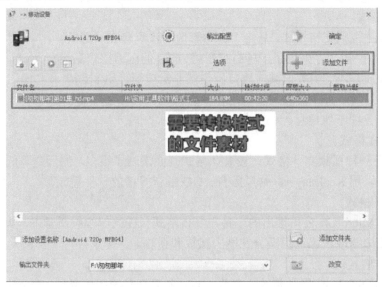

图 3-6-4 "移动设备"对话框

单击"确定"按钮，再次进入格式工厂主界面，单击"开始"按钮，图 3-6-5 所示为其转换状态。

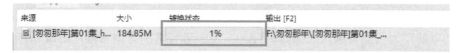

图 3-6-5 进入"转换"状态

转换状态为 100%时,即完成了整个视频的格式转换。

步骤 5:格式工厂视频的裁剪。在实际工作中,很多时候需要对已知的视频进行裁剪,只提取其中一部分内容,利用格式工厂也可以进行相应的操作。

如图 3-6-4 所示,在转换视频格式的同时,可以对视频进行相应的裁剪操作。单击"选项"按钮,弹出如图 3-6-6 所示的对话框。

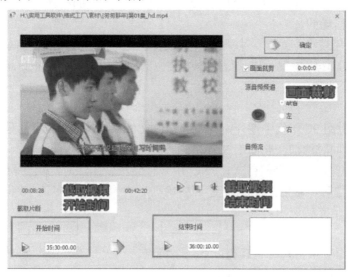

图 3-6-6 "格式工厂"视频裁剪功能

开始时间:需要截取视频的开始时间。

结束时间:需要截取视频的结束时间。

除此之外,格式工厂还可以对画面进行裁剪。

3.格式工厂音频格式的转换

利用格式工厂,也可以对音频格式进行相应的转换,步骤非常简单,与视频格式的转换方法一样。这里不再赘述,下面对各种音频格式进行介绍。

(1) MP3 格式。

MP3 是一种音频压缩技术,它被设计用来大幅度地降低音频数据量,将音频文件压缩成容量较小的文件,而对于大多数用户来说,重放的音质与最初的不压缩音频相比没有明显的下降。

(2) WMA 格式。

WMA 是 Microsoft 公司推出的与 MP3 齐名的一种音频格式。WMA 在压缩比和音质方面都超过了 MP3,更远胜于 RA,即使在较低的采样频率下也能产生较好的音质。

(3) WAV 格式。

WAV 是录音时使用的标准的 Windows 文件格式,文件的扩展名为".wav",数据本身的格式为 PCM 或压缩型,属于无损音乐格式的一种。

（4）FLAC 格式。

中文可解释为无损音频压缩编码。FLAC 是一套著名的自由音频压缩编码，其特点是无损压缩。不同于其他有损压缩编码如 MP3 及 ACC，它不会破坏任何原有的音频资讯，所以可以还原音乐光盘音质。

4．格式工厂图片格式的转换

利用格式工厂，可以对图片格式进行相应的转换，步骤非常简单，与视频格式的转换方法一样。这里不再赘述，下面对各种图片格式进行介绍。

（1）JPG 格式。

JPG 图片以 24 位颜色存储单个位图。JPG 是与平台无关的格式，支持最高级别的压缩，但这种压缩是有损耗的。

JPG 对于颜色较少、对比级别强烈、实心边框或纯色区域大的较简单的作品无法提供理想的结果。JPG 压缩方案可以很好地压缩类似的色调，但是不能很好地处理亮度的强烈差异或处理纯色区域。

（2）PNG 格式。

PNG 是 20 世纪 90 年代中期开始开发的图像文件存储格式，其目的是企图替代 GIF 和 TIFF 文件格式，同时增加一些 GIF 文件格式不具备的特性。

PNG 是一种位图文件存储格式。PNG 用来存储灰度图像时，灰度图像的深度可达 16 位；存储彩色图像时，彩色图像的深度可达 48 位，并且可存储多达 16 位的 α 通道数据。PNG 最大的特点是支持透明。

（3）GIF 格式。

GIF 就是图像交换格式，它具有以下几个特点。

① GIF 只支持 256 色以内的图像。

② GIF 采用无损压缩存储，在不影响图像质量的情况下，可以生成很小的文件。

③ 它支持透明色，可以使图像浮现在背景之上。

④ GIF 文件可以制作动画，这是它最突出的一个特点。

（4）BMP 格式。

BMP 是 Window 操作系统中的标准图像文件格式，BMP 文件所占用的空间很大。BMP 文件的图像深度有 1bit、4bit、8bit 及 24bit。

BMP 文件存储数据时，图像的扫描方式是从左到右、从下到上。在 Windows 环境中运行的图形图像软件都支持 BMP 图像格式。

5．格式工厂合并视频

如果想将多个视频合并成一个视频，使用格式工厂"高级"选项中的"视频合并"功能即可。

步骤 1：打开格式工厂软件，选择"高级"选项，如图 3-6-7 所示。

步骤 2：单击"视频合并"按钮，弹出如图 3-6-8 所示的"视频合成"对话框，在"输出设置"选项组中选择要合并的视频的输出格式，有 RMVB、MOV、AVI、3GP 等格式可供选择，这里选择 RMVB 格式，在"源文件列表"选项组中添加要合并的所有视频文件。

图 3-6-7　格式工厂"高级"选项

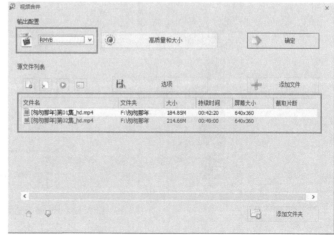

图 3-6-8　"视频合并"对话框

步骤 3：单击"确定"按钮即可完成整个视频的合并。

6．格式工厂变换视频竖屏为横屏

在日常生活中，经常用手机来拍摄视频，可能会遇到手机拍摄的视频是竖着的甚至是倒着的，遇到这种情况应该怎么解决呢？如何将视频纠正过来呢？例如，将图 3-6-9 转换为图 3-6-10。

图 3-6-9　竖向视频

图 3-6-10　横向视频

纠正视频的方法其实很简单，只需在转换视频格式的时候单击"输出配置"按钮，如图 3-6-11 所示，在"旋转"中选择"左或右"即可。

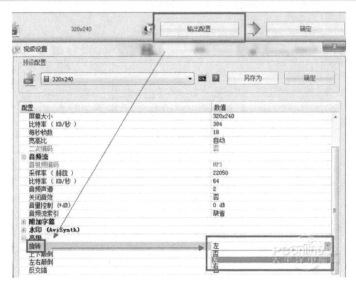

图 3-6-11　旋转视频设置

 知识链接

　　格式工厂是由上海格式工厂网络有限公司在 2008 年 2 月推出的,是面向全球用户的互联网软件。

　　"格式工厂"发展至今,已经成为全球领先的视频图片等格式转换客户端。格式工厂致力于帮助用户更好地解决文件使用问题,现拥有音乐、视频、图片等领域的庞大忠实用户,在格式转换行业内位于领先地位,并保持高速发展趋势。

任务 7　使用会声会影进行影片编辑

 任务目标

　　1. 了解"会声会影"软件的使用。
　　2. 熟练掌握使用"会声会影"制作电子相册的方法。

 任务描述

　　张明的宝宝这个月就满一岁了,为了给儿子一份特殊的生日礼物,张明决定把这一年给儿子拍的照片收集成册,制作一个电子相册,名称为"我的宝宝一岁了"。

　　他在网上找了很多制作电子相册的软件,最终选定了"会声会影",但他不会使用,于是请教了雷军,雷军最近正在做影视后期制作方面的项目。雷军向他介绍了"会声会影"软件的使用方法。

✎ 操作步骤

1. "会声会影"的界面

会声会影是一款功能强大的视频编辑软件，具有图像抓取和编辑功能，可以抓取、转换 MV、DV、V8、TV 和实时记录抓取画面文件，并提供了超过 100 多种的编制功能与效果，可导出多种常见的视频格式，甚至可以直接制作为 DVD 和 VCD。

会声会影支持各类编码，包括音频和视频编码，是最简单好用的 DV、影片剪辑软件。图 3-7-1 所示为会声会影的界面。

图 3-7-1　"会声会影"界面

由图 3-7-1 可知"会声会影"界面分为"捕获""编辑""分享"三个界面。需要制作的电子相册主要通过"编辑"菜单来进行操作。

2. 利用"会声会影"制作电子相册

步骤 1：准备素材。将需要制作电子相册的素材照片存储到一个文件夹中，以备使用时调用，并将文件夹命名为"素材"，如图 3-7-2 所示。

图 3-7-2　素材准备

步骤 2：拖动照片素材到"会声会影"中。将"会声会影"切换为故事版视图，将需要的素材拖动到轨道中，如图 3-7-3 所示，此时将视图切换为时间轴视图。

图 3-7-3　视图模式切换

此时可以进入如图 3-7-4 所示的界面。

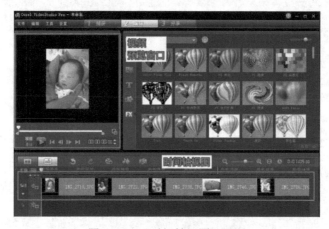

图 3-7-4　"时间轴视图"界面

步骤 3：导入音频素材。将视频素材拖动到声音轨道中，如图 3-7-5 所示。

图 3-7-5　导入音频素材

插入音频后，调节声音轨道的长度，可以把音乐拖动到和照片一样的长度。

步骤 4：插入"转场"效果。

段落是电视片最基本的结构形式，电视片在内容上的结构层次是通过段落表现出来的。而段落与段落、场景与场景之间的过渡或转换，就称为转场。

转场效果在如图 3-7-6 所示的界面中设置。

在需要加入转场效果的两张照片之间拖动需要的转场效果即可。

插入转场效果之后的轨道如图 3-7-7 所示。

图 3-7-6 "转场"效果设置

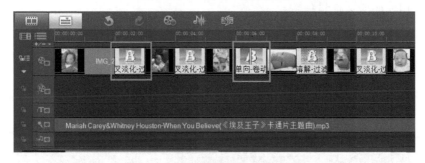

图 3-7-7 插入转场效果之后的轨道

步骤 5：在相册的开头添加动画效果。选择需要添加的开头动画，直接拖动到相册的开头，如图 3-7-8 所示。

图 3-7-8 添加开关动画

步骤 6：在相册的结尾添加动画效果。选择"即时项目"中的"结尾"选项，如图 3-7-9 所示，可以预览所有结尾动画的效果，选择需要添加的结尾动画，直接将其拖动到相册的结尾，如图 3-7-10 所示。

图 3-7-9 预览"结尾"效果

图 3-7-10 添加"结尾"动画

步骤 7：为相册添加"字幕"。在电子相册中，不能只有图片，很多时候需要添加字幕，如何为电子相册添加字幕呢？

单击"字幕"按钮，进入字幕属性设置栏，如图 3-7-11 所示。

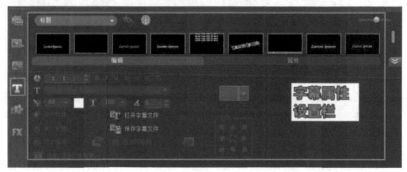

图 3-7-11 字幕属性设置栏

在字幕属性设置栏中，可以为字幕设置字体大小、字体颜色、字幕宽度、字幕样式等属性。

此时双击左侧的预览窗口，可以为屏幕添加字幕，如图 3-7-12 所示。

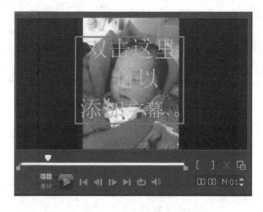

图 3-7-12 添加字幕

注意

可以在任意想编辑字幕的位置添加字幕效果。

步骤 8：禁用音乐轨。由于电子相册加入了配音效果，在加入开始和结尾动画之后，动画效果中本身带有配音，容易混淆，因此需要将开始和结尾动画效果中的配音效果禁用。

如图 3-7-13 所示，单击"禁用音乐轨"按钮，可以将音乐轨禁用，此时配音效果就不会影响到整个背景音乐了。

图 3-7-13 单击"禁用音乐轨"按钮

步骤 9：保存分享视频文件。单击工具栏中的"分享"按钮，可以进入下列界面，如图 3-7-14 所示。

图 3-7-14 "分享"界面

单击"创建视频文件"按钮，可以将项目导出为 DVD、MPEG-4、WMV、DV 等格式。这里选择"WMV"→"WMV HD 1080 25p"格式，选择导出的文件夹并设置相应的文件名，如图 3-7-15 所示。

渲染文件，如图 3-7-16 所示，渲染完成之后，整个电子相册视频文件即制作完成。

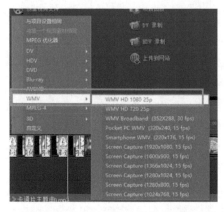

图 3-7-15 选择导出的文件夹并设置相应的文件名

图 3-7-16 渲染文件

 知识链接

会声会影的主要特点：操作简单，适合家庭日常使用，有完整的影片编辑流程解决方案，提供从拍摄到分享功能，处理速度加倍。

　　它不仅符合家庭或个人所需的影片剪辑，甚至可以挑战专业级的影片剪辑软件，适合普通人使用，操作简单易懂，界面简洁明快。

　　该软件具有成批转换功能与捕获格式完整的特点，虽然无法与 EDIUS、Adobe Premiere、Adobe After Effects 和 Sony Vegas 等专业视频处理软件相媲美，但以简单易用、功能丰富的作风赢得了良好的口碑，在国内的普及度较高。

　　影片制作向导模式，只要 3 个步骤即可快速做出 DV 影片，会声会影编辑模式从捕获、剪接、转场、特效、覆叠、字幕、配乐，到刻录，可全方位剪辑出质量很高的家庭电影。

　　其成批转换功能可与捕获格式完整支持，使剪辑影片更快、更有效率；画面特写镜头与对象创意覆叠，可随意做出新奇百变的创意效果；配乐大师与杜比 AC3 支持，使影片配乐更精准、更立体；同时具有 128 组影片转场、37 组视频滤镜、76 种标题动画等丰富效果。

项目小结

　　通过实施本项目的 7 个任务，读者应该对多媒体工具软件的使用有了初步的了解。读者通过对 Inpaint、会声会影、屏幕录像专家、光影魔术手、Snagit、格式工厂、CoolEdit 音频处理软件的使用进行学习，不仅大大提高了办公效率，也为学习其他多媒体软件打下了坚实的基础。

项目 4
办公网络应用

项目目标

1. 了解和掌握办公网络即时通信软件的安装与使用方法。
2. 了解和掌握办公网络连通测试的常用命令。
3. 了解和掌握办公网络文件服务器的搭建和配置。
4. 了解和掌握网络地图的查找和使用。
5. 了解和掌握小型无线网络的组建和配置。

项目描述

本项目将通过 6 个任务来说明如何利用网络进行日常办公，并结合实例来介绍如何使用网络电话，进行内网通信、网络测试、文件服务器搭建、网络地图查询和无线网络组建，借此可理解办公网络常用到的一些功能。

任务 1 Skype 网络电话

任务目标

1. 了解 Skype 网络电话的应用环境，会从网络上下载并安装网络电话客户端。
2. 掌握 Skype 注册流程，能够添加和呼叫联系人。

任务描述

张明是某跨国公司的技术人员，该公司的总部在美国，而张明在北京分公司，由于业务的需要常常要用电话进行沟通，高昂的电话资费让张明很是苦恼，怎样才能节省电话费呢？张明在网络上了解了 Skype 软件，从此开始了网络电话之旅。

操作步骤

1. Skype 的下载安装

步骤 1：访问 Skype 的官方网站"http://skype.gmw.cn/down"，下载最新版本的 Skype PC

客户端,如图 4-1-1 所示。

步骤 2:下载完毕后,按照安装向导进行安装,如图 4-1-2 所示。

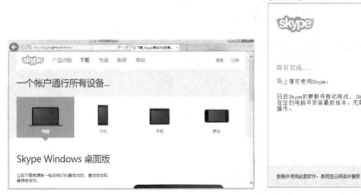

图 4-1-1　下载最新版本的"Skype"PC 客户端　　　　图 4-1-2　"Skype"软件安装向导 1

步骤 3:单击"继续"按钮,安装 Skype 页面拨号,如图 4-1-3 所示。

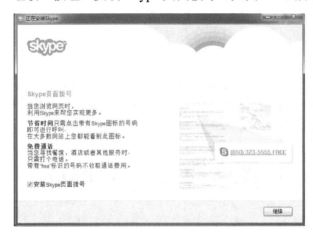

图 4-1-3　"Skype"软件安装向导 2

步骤 4:等待安装,如图 4-1-4 所示。

图 4-1-4　"Skype"软件安装向导 3

2．账号注册

使用 Skype 通话时必须使用 Skype 账号，如图 4-1-5 所示。

图 4-1-5 "Skype"登录界面

如果没有 Skype 账号或 Microsoft 账户，则必须创建新的账户，如图 4-1-6 所示。

图 4-1-6 创建新的"Skype"账户

3．添加联系人

步骤 1：用刚刚注册的账户登录 Skype，如图 4-1-7 所示。

图 4-1-7 登录"Skype"软件

步骤 2：选择菜单栏中的"联系人"选项或者单击"搜索"按钮添加联系人，如图 4-1-8 所示。

图 4-1-8　查找和添加联系人

此时添加的联系人会在左侧栏中显示，在得到对方确认后才能添加成功。若对方在线，则显示为 Echo / Sound Test Service；若不在线，则显示为 aee 。

4．呼叫单一联系人

（1）客户端点对点呼叫。

当联系人在线时，单击左侧的联系人，右侧会显示相应的功能窗格。若要使用语音电话，则单击"拨打"按钮；若为视频通话，则单击"视频通话"按钮即可，如图 4-1-9 所示。

图 4-1-9　与联系人在线通话

（2）呼叫联系人的普通电话或手机（付费功能）。

选择联系人的移动选项，单击"拨打手机号码"按钮，这样对方即可用手机进行通话，如图 4-1-10 所示。

图 4-1-10　拨打联系人电话号码

（3）呼叫任意普通电话（付费功能）。

单击左侧窗格中的"拨打电话"按钮，在右侧窗格中输入普通电话号码或者手机号码，等待对方接听即可，如图 4-1-11 所示。

图 4-1-11　拨打任意电话号码

通过以上介绍，张明可以很轻松地和其他人员进行沟通，网络电话非常便捷，沟通畅快。

 知识链接

1．网络电话

网络电话又称为 VoIP 电话，通过互联网直接拨打对方的固定电话和手机，包括国内长途和国际长途，而且资费是传统电话费用的 10%～20%，宏观上讲可以分为软件电话和硬件电话。软件电话就是在计算机上下载软件，购买网络电话卡，通过耳麦实现和对方（固话或手机）的通话；硬件电话比较适用于公司、话吧等，首先要准备一个语音网关，网关一端接到路由器上，另一端接到普通的电话机上，普通电话机即可直接通过网络自由呼出。

2．实现方式

（1）PC to PC。

这种方式适合那些拥有多媒体计算机（声卡必须为全双工的，配有麦克风）并且可以连接互联网的用户，通话的前提是双方计算机中必须安装了同一种网络电话软件。

这种网上点对点方式的通话，是 IP 电话应用的雏形，它的优点是方便、经济，但缺点也是显而易见的，即通话双方必须事先约定时间同时上网，而这在普通的商务领域中就显得相当麻烦，因此这种方式不能商用化或进入公众通信领域。这种通话方式完全免费。

（2）PC to Phone。

随着 IP 电话的优点逐步被人们认识，许多电信公司在此基础上进行了开发，从而实现了通过计算机拨打普通电话的功能。

作为呼叫方的计算机，要求具备多媒体功能，能连接互联网，并且要安装 IP 电话的软件。

这种方式的优点是显而易见的，被叫方拥有一个普通电话即可，但这种方式除了付上网费和市话费用外，还必须向 IP 电话软件公司付费。这种方式主要用于拨打国际长途，但是这种方式仍旧十分不方便，无法满足公众随时通话的需要。这种通话方式国际长途最多能优惠 98%。

（3）Phone to Phone。

这种方式即"电话拨电话"，需要 IP 电话系统的支持。IP 电话系统一般由 3 个部分构成：电话、网关和网络管理者。电话是指可以通过本地电话网连接到本地网关的电话终端；网关是 Internet 网络与电话网之间的接口，它还负责进行语音压缩；网络管理者负责用户注册与管理，具体包括对接入用户的身份认证、呼叫记录并记录详细数据（用于计费）等。

3．Skype

Skype 简体中文版是 TOM 在线和 Skype Technologies S. A. 联合推出的互联网语音沟通工具。它采用了最先进的 P2P 技术，为用户提供了超清晰的语音通话效果，使用端对端的加密技术，保证通信的安全可靠。用户无需进行复杂的防火墙或者路由等设置，即可顺利安装轻松通话。

Skype 目前支持多达 50 人的在线文字聊天室，供用户进行多人即时信息交流；支持 5 人语音会议，供用户进行语音互动。

任务2 局域网内即时通信

任务目标

1．了解内网即时通信的种类、应用环境。
2．掌握 NetMeeting 的安装及使用方法。

任务描述

张明所在公司为防止员工上班时间聊天，禁用了 QQ，但这却使张明给公司内部的同事转发文件沟通出现了问题，如何解决这个问题呢？在网络专家雷军的帮助下，找到了

Windows 自带的即时通信软件——NetMeeting，下面讲述如何使用 NetMeeting。

操作步骤

1. NetMeeting 的安装

步骤 1：选择"开始"→"运行"选项，在弹出的"运行"对话框中键入"conf"，单击"确定"按钮即可启动 NetMeeting 配置向导，可按照向导提示进行安装，如图 4-2-1 所示。

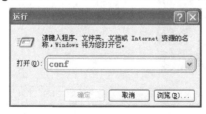

图 4-2-1　启动 NetMeeting 配置向导

步骤 2：进入安装向导，查看 NetMeeting 的功能介绍，单击"下一步"按钮，如图 4-2-2 所示。

图 4-2-2　NetMeeting 安装向导

步骤 3：键入自己的基本资料，这些资料将出现在 NetMeeting 的电话簿内。建议不要使用纯中文，因为国外的友人使用非中文 Windows 时会看到一堆乱码。填入基本资料后，单击"下一步"按钮，如图 4-2-3 所示。

图 4-2-3　填入个人基本资料

步骤 4：Microsoft 公司提供了几台服务器，"uls.microsoft.com"是预设的服务器，这里建议不改变设置，直接单击"下一步"按钮即可，如图 4-2-4 所示。

图 4-2-4　NetMeeting 服务器设置

步骤 5：选择网络带宽，建议选中"局域网"单选按钮，选中其他单选按钮也能正常工作，单击"下一步"按钮，如图 4-2-5 所示。

图 4-2-5　选择网络宽带

步骤 6：选择是否创建快捷方式，单击"下一步"按钮，如图 4-2-6 所示。

图 4-2-6　选择是否创建快捷方式

步骤 7：设定声卡，单击"下一步"按钮，如图 4-2-7 所示。

图 4-2-7　音频调节设置

步骤 8：通常计算机内只安装一张声卡，所以录音和重播的音效装置是相同的，单击"测试"按钮可以测试音量，单击"下一步"按钮，如图 4-2-8 所示。

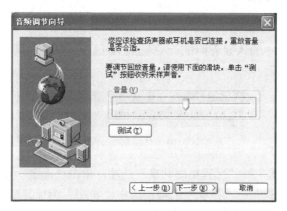

图 4-2-8　测试喇叭音量

步骤 9：调整录音音量，单击"下一步"按钮，如图 4-2-9 所示。

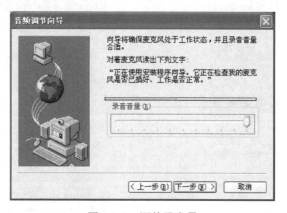

图 4-2-9　调整录音量

步骤 10：提示用户已经调整好音效，单击"下一步"按钮，如图 4-2-10 所示。

步骤 11：设置完成后系统会自动运行 NetMeeting。如果未事先连线，则几秒后，NetMeeting 会自动启动连线程序尝试连线，如图 4-2-11 所示。

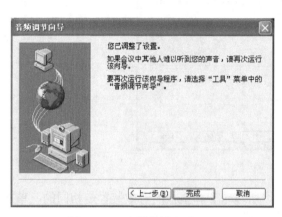

图 4-2-10　音效设置完成

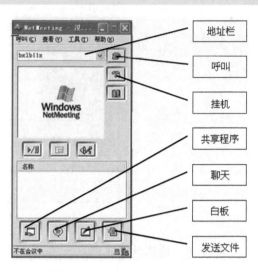

图 4-2-11　"NetMeeting"界面

2．发出呼叫

步骤 1：在地址栏中输入要呼叫的计算机的 IP 地址，单击"呼叫"按钮，弹出等待对话框，如图 4-2-12 所示。

图 4-2-12　呼叫等待对话框

步骤 2：选择"工具"→"远程桌面共享"选项，单击"确定"按钮，如图 4-2-13 所示。

步骤 3：选择"工具"→"共享"选项，选中"桌面"图标，单击"共享"按钮，单击"允许控制"按钮，选中"自动接受控制请求"复选框，单击"关闭"按钮即可，如图 4-2-14 所示。

图 4-2-13　执行"远程桌面共享"对话框

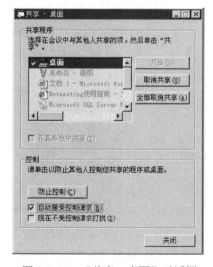

图 4-2-14　"共享—桌面"对话框

此时，被呼叫的计算机已经可以看到呼叫方的桌面了，NetMeeting 远程连接成功。

3. 接受呼叫

被呼叫方将在屏幕右下角弹出提示对话框，音箱会传出电话铃声，提醒有呼叫传来，这时可以单击"忽略"按钮拒绝呼叫，或单击"接受"按钮接入呼叫，如图 4-2-15 所示。

图 4-2-15 "拨入呼叫"提示对话框

接受呼叫后，连接人员列表框中会显示当前人员名单，状态栏也会显示现在的连接状态。这时可以和呼叫人进行对话，如图 4-2-16 所示。

图 4-2-16 和呼叫人进行对话

4. 主持会议

NetMeeting 可以使我们作为会议主持人来负责整个会议的进程。选择"呼叫"→"主持会议"选项，弹出对话框。在对话框里可以设置会议的名称、密码、安全性、呼叫性质，以及可使用的会议工具等。会议的加入非常简单，直接呼叫主持人，或者主持人呼叫被邀请人均可，如图 4-2-17 所示。

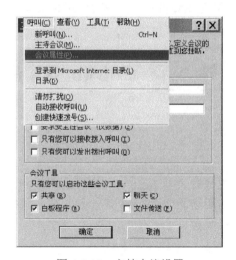

图 4-2-17 主持会议设置

5. 传送文件

单击 NetMeeting 主窗口中的"发送文件"按钮可以打开文件传送窗口。在此窗口中可以选择发送的文件和发送的对象，如图 4-2-18 所示。

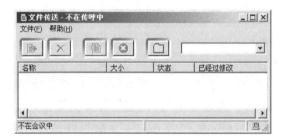

图 4-2-18 "文件传送"窗口

通过以上介绍，张明再也不用烦恼了，办公的效率大大提升了。

 知识链接

1. 即时通信软件

即时通信软件是指通过即时通信技术来实现在线聊天、交流的软件。

2. NetMeeting

NetMeeting 是 Windows 操作系统自带的网上聊天工具。NetMeeting 除了能够发送文字信息进行聊天之外，还可以配置麦克风、摄像头等，进行语音、视频聊天。因为 NetMeeting 是通过计算机的 IP 账号来查找的，所以只需知道计算机的 IP 地址即可与其他计算机进行通信。

3. NetMeeting 的功能

聊天：文字、语音、视频均可。

白板：可以和朋友共享一块白板一起画图、完成演示文稿、进行表格统计等。

文件传递：特别是比较大的文件，可使用此软件直接传递，避免邮箱因容量不足而拒绝接收，非常方便。

共享桌面、共享程序：如果自己对一些计算机功能不了解，可以请高手指导操作，他可以直接通过网络在线进行指导。

任务 3 网络测试常用命令

 任务目标

1. 了解网络测试的常用命令。
2. 掌握网络测试命令的用途。
3. 掌握网络测试命令的参数。

 任务描述

张明近期计算机总是出现网络问题，每次都要请教公司的网络技术人员，但是他在描述问题的时候不知如何说，技术人员听后也不明白其意思，张明特意向网络专家雷军请教了网络常用的测试命令，以便自己描述问题。

 操作步骤

1. ipconfig 命令

ipconfig 用于显示当前 TCP/IP 配置。如果计算机和所在局域网使用了动态主机配置协议（DHCP），这时 ipconfig 可以使我们了解自己的计算机是否成功地租用了一个 IP 地址。如果租用到了，则可以了解目前分配的 IP 地址。了解机器当前 IP 地址、子网掩码和网关，以测试和分析故障。

（1）ipconfig：显示每个已经配置的接口的 IP 地址、子网掩码和默认网关。

（2）ipconfig/all：当使用 all 选项时，ipconfig 能为 DNS 和 WINS 服务器显示其已经配置且要使用的附加信息（如 IP 地址等），并且显示内置于本地网卡中的物理地址（MAC），如图 4-3-1 所示。

图 4-3-1　ipconfig 命令

2．ping 命令

ping 为网络诊断工具，也属于一个通信协议，是 TCP/IP 协议的一部分。利用 ping 命令可以检查网络是否连通，可以很好地帮助用户分析和判定网络故障。

应用格式：ping 空格 IP 地址。该命令还可以附加许多参数，输入 ping 按【Enter】键即可看到详细说明，如图 4-3-2 所示。

图 4-3-2　ping 命令

用 ping 命令来测试网络的连通性是常用的，这里以测试主机 10.1.98.91 为例，图 4-3-3 表示连通，图 4-3-4 表示未连通。

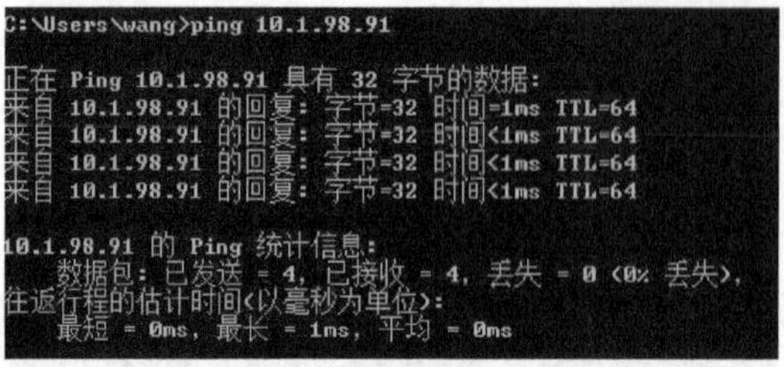

图 4-3-3 测试主机连通提示

图 4-3-4 测试不连通提示

简言之，如果 ping 运行正常，则大体上可以排除网络访问层、网卡、Modem 的输入输出线路、电缆和路由器等存在故障，从而减小了问题的范围。

3. tracert 命令

如果网络连通有问题，则可用 tracert 命令检查到达的目标 IP 地址的路径并记录结果。tracert 的使用很简单，只需要在 tracert 后面加一个 IP 地址或 URL 即可。tracert 一般用来检测故障的位置，可以用"tracert IP"确定在哪个环节出现了问题，如图 4-3-5 所示。

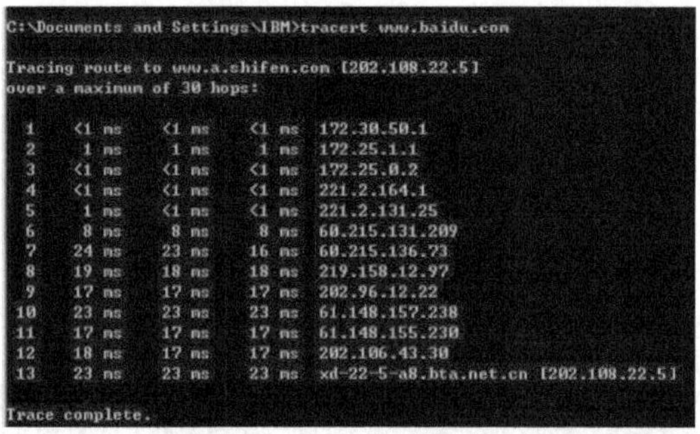

图 4-3-5 tracert 命令

4. nslookup 命令

nslookup 是一个用于查询 Internet 域名信息或诊断 DNS 服务器问题的工具，如图 4-3-6 所示。

图 4-3-6 nslookup 命令

5. arp 命令

arp（地址转换协议）是一个重要的 TCP/IP 协议，用于确定对应 IP 地址的网卡物理地址。arp 命令能够查看本地或另一台计算机的 ARP 高速缓存中的当前内容。

（1）arp-a 或 arp-g：用于查看高速缓存中的所有项目，如图 4-3-7 所示。

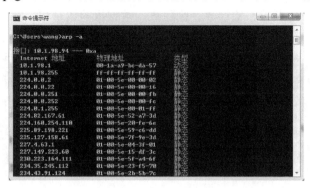

图 4-3-7   arp-g 命令

（2）arp-a IP：如果有多个网卡，那么使用 arp-a 加上接口的 IP 地址，即可只显示与该接口相关的 ARP 缓存项目。

6．netstat 命令

netstat 用于显示与 IP、TCP、UDP 和 ICMP 相关的统计数据，一般用于检验本机各端口的网络连接情况。

（1）netstat-s：用于按照各协议分别显示其统计数据。如果应用程序或浏览器运行速度较慢，或者不能显示 Web 之类的数据，那么可以用此命令来查看显示的信息，如图 4-3-8 所示。

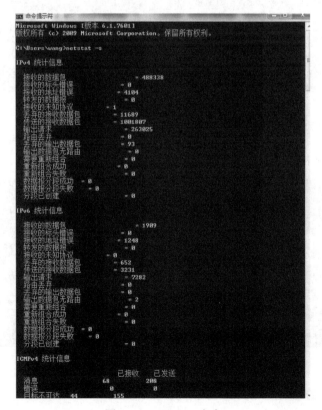

图 4-3-8   netstat-s 命令

（2）netstat-e：用于显示以太网统计数据。它列出了发送端和接收端的数据报数量，包括传送的数据报的总字节数、错误数、删除数、数据报的数量和广播的数量，可用来统计基本的网络流量，如图 4-3-9 所示。

图 4-3-9 netstat-e 命令

（3）netstat-r：可显示路由表信息，如图 4-3-10 所示。

图 4-3-10 netstat-r 命令

（4）netstat-a：显示所有有效连接信息的列表，包括已建立的连接（ESTABLISHED）与监听连接请求（LISTENING）的连接，如图 4-3-11 所示。

图 4-3-11 netstat-a 命令

通过以上命令的学习，可以快捷地解决网络问题。

知识链接

使用 ping 命令检查网络连通性有如下 5 个步骤。

（1）使用 ipconfig /all 观察本地网络设置是否正确。

（2）ping 127.0.0.1，127.0.0.1 是回送地址，这是为了检查本地的 TCP/IP 协议是否已经设置好。

（3）ping 本机 IP 地址，这样是为了检查本机的 IP 地址是否设置有误。

（4）ping 本网网关或本网 IP 地址，这样是为了检查硬件设备是否有问题，也可以检查本机与本地网络连接是否正常（在非局域网中这一步骤可以忽略）。

（5）ping 远程 IP 地址，这主要用于检查本网或本机与外部的连接是否正常。

任务 4　架设 FTP 服务器

 任务目标

1．了解 FTP 服务器的应用环境。

2．掌握 Serv-U 的下载与安装方法。

3．掌握账户的创建管理和文件目录权限的管理。

4．掌握访问 FTP 服务器的常用方法。

任务描述

近期公司为了降低成本，提高办公效率，要求一些文件资料尽量使用电子版，给张明出了难题，小容量的文件可以通过电子邮件和即时通信软件传送，但是大容量的文件比较麻烦，这时张明在网络上搜寻到了 FTP 服务器。下面和张明一起学习 FTP 服务器是怎样搭建的。

 操作步骤

1．下载及安装 Serv-U

步骤 1：在 IE 浏览器中输入 Serv-U 的官方网站地址并下载相应的版本，官网站地址为 http://www.rhinosoft.com.cn/download.htm，如图 4-4-1 所示。

图 4-4-1　Serv-U 下载页面

步骤2：下载完毕后，双击打开安装软件执行文件，选择安装语言并进行安装，如图4-4-2所示。

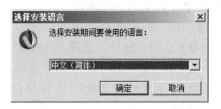

图4-4-2　"选择安装语言"对话框

步骤3：根据安装向导进行安装，如图4-4-3所示。

步骤4：选中"我接受协议"单选按钮，单击"下一步"按钮，如图4-4-4所示。

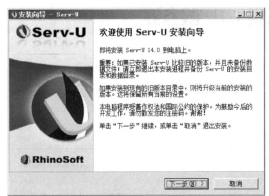
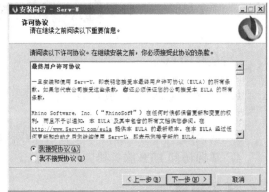

图4-4-3　进入安装向导　　　　　　　　　　　图4-4-4　接受许可协议

步骤5：选择要安装的路径，这里选择默认路径，不做任何更改，单击"下一步"按钮，如图4-4-5所示。

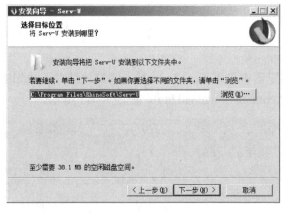

图4-4-5　选择安装路径

步骤6：选择开始菜单文件夹和附加任务，一般情况下默认即可，单击"下一步"按钮，如图4-4-6和图4-4-7所示。

步骤7：开始安装，安装完成后如图4-4-8所示。

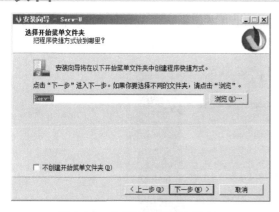

图 4-4-6　选择开始菜单文件夹

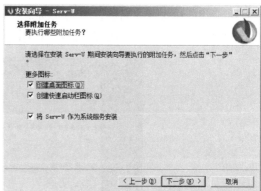

图 4-4-7　选择协议任务

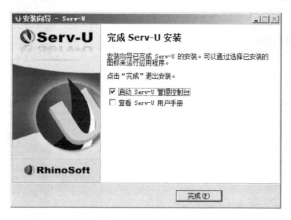

图 4-4-8　完成安装

2. 创建域及用户账户

步骤 1：进入 Serv-U，提示是否定义新域，单击"是"按钮，开始创建新域，如图 4-4-9 所示。

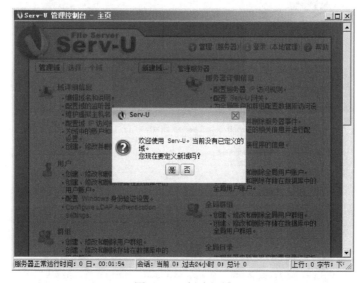

图 4-4-9　创建新域

实用 工具软件

步骤 2：输入域的名称，如 xinhuacity，设置端口、监听地址、加密使用默认选项即可，单击"完成"按钮，域即创建完成，如图 4-4-10 所示～图 4-4-13 所示。

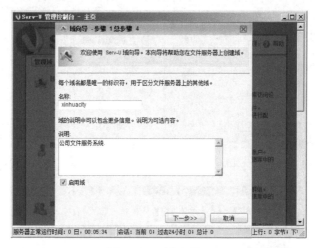

图 4-4-10　域向导 1

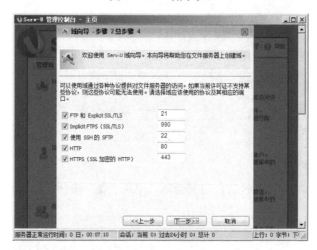

图 4-4-11　域向导 2

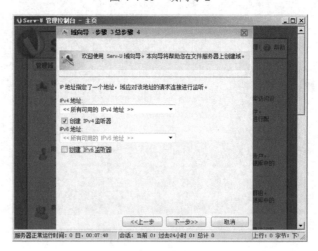

图 4-4-12　域向导 3

144

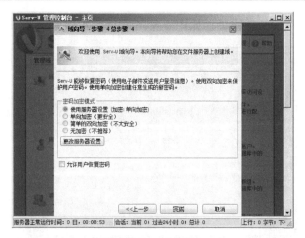

图 4-4-13　域向导 4

步骤 3：根据向导开始添加用户，系统提示是否添加用户，单击"是"按钮，如图 4-4-14 所示。

图 4-4-14　添加新用户

步骤 4：输入登录 ID，即登录用户名 zhangsan，其他两项可以填写也可不填写，如图 4-4-15 所示。

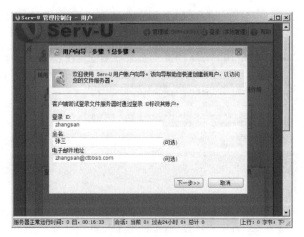

图 4-4-15　输入登录 ID

步骤 5：输入密码及目录路径，如图 4-4-16 和图 4-4-17 所示。

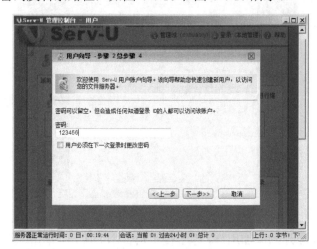

图 4-4-16　输入密码

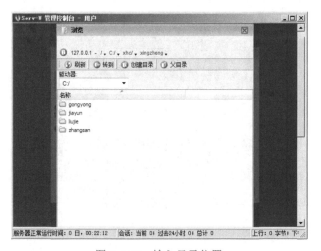

图 4-4-17　输入目录位置

步骤 6：设置锁定根目录和访问权限，如图 4-4-18 和图 4-4-19 所示。

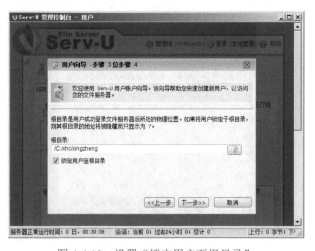

图 4-4-18　设置"锁定用户至根目录"

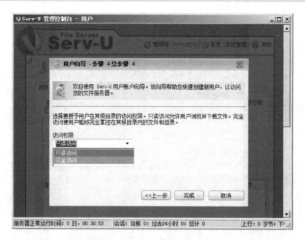

图 4-4-19　设置访问权限

3. 管理账户设置

步骤 1：选择用户"zhangsan"，单击"编辑"按钮，如图 4-4-20 所示。

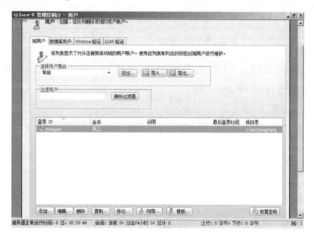

图 4-4-20　用户编辑界面

步骤 2：弹出"目录访问规则"对话框，添加规划好的目录，并开始设置权限，添加完毕后，单击"保存"按钮保存设置，如图 4-4-21 所示。

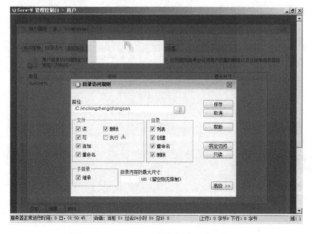

图 4-4-21　"目录访问规则"权限

步骤 3：限制上传和下载的文件数量及使用的最大空间，如图 4-4-22 所示。

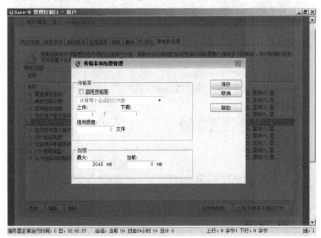

图 4-4-22 "传输率和配额管理"设置

这里只对其容量做了限制，也就是说，用户 zhangsan 最大使用的容量为 2GB，对上传和下载的文件没有限制。

4．常用登录方式

最常用的登录方式有 3 种，分别是 Web 登录、FTP 客户端登录、快捷方式登录，下面分别对这几种登录方式进行介绍。

（1）Web 登录。

在 IE 浏览器地址栏内输入服务器的地址，如 "ftp://192.168.181.189"，即可登录 FTP 服务器，如图 4-4-23 和图 4-4-24 所示。

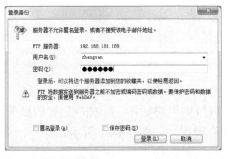

图 4-4-23 登录 FTP 服务器 1

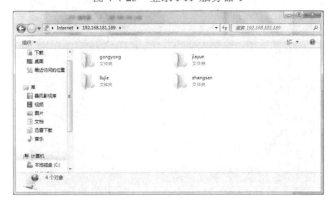

图 4-4-24 登录 FTP 服务器 2

（2）FTP 客户端登录。

一般网上有很多客户端的软件可供用户下载，这里推荐使用 CuteFTP 软件，软件的安装不再赘述，若想登录 FTP 服务器，先要建立一个登录点，如图 4-4-25 所示。

图 4-4-25　创建 FTP 登录点

建立 FTP 连接，即可上传和下载 FTP 服务器中的文件，此客户端支持拖动，如图 4-4-26 所示。

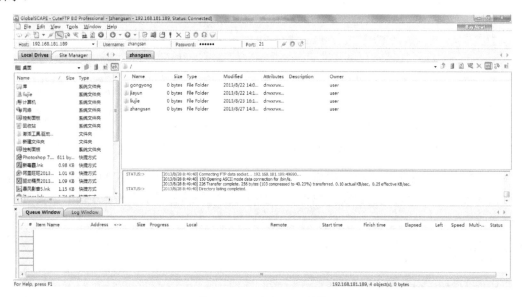

图 4-4-26　建立 FTP 链接

（3）通过创建快捷方式登录。

在计算机桌面的空白处右击，在弹出的快捷菜单中执行"新建"→"新建快捷方式"命令弹出"创建快捷方式"对话框，在文本框中输入%windir%\explorer ftp://zhangsan:123456@192.168.181.189，"ftp"后是用户名和密码，中间用"："隔开，输入快捷方式的名称如图 4-4-27～图 4-4-29 所示。

图 4-4-27　输入对象位置

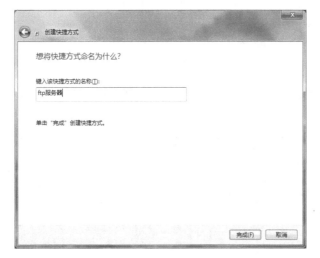

图 4-4-28　创建快捷方式名称

图 4-4-29　创建 FTP 快捷方式

FTP 服务器的快捷方式已经建成，双击快捷方式图标即可打开 FTP 服务器，此时不需要再输入用户名和密码。但值得注意的是，如果更改了密码，则在快捷方式中也要对密码进行更改。

 知识链接

1．FTP 服务器

FTP 服务器是在互联网上提供存储空间的计算机，它们依照 FTP 协议提供服务。 FTP 是专门用来传输文件的协议。简单地说，支持 FTP 协议的服务器就是 FTP 服务器。

2．Serv-U

Serv-U FTP Server 是一款被广泛运用的 FTP 服务器端软件，支持全 Windows 系列操作系统。可以在其中设定多个 FTP 服务器、限定登录用户的权限、登录主目录及空间大小等，功能非常完备。它具有非常完备的安全特性，支持 SSl FTP 传输，支持在多个 Serv-U 和 FTP 客户端通过 SSL 加密连接保护用户的数据安全等。

3．上传与下载

在 FTP 的使用中，用户经常遇到两个概念：下载和上传。下载文件就是从远程主机复制文件至自己的计算机上；上传文件就是将文件从自己的计算机中复制至远程主机上。用户可通过客户机程序向（从）远程主机上传（下载）文件。

4．花生壳动态域名

"花生壳"是动态域名解析服务客户端软件。当用户安装并注册该项服务后，用户在任何地点、任何时间、使用任何线路，均可利用这一服务建立拥有固定域名和最大自主权的互联网主机。"花生壳"支持的线路包括普通电话线、ISDN、ADSL、有线电视网络、双绞线到户的宽带网和其他任何能够提供互联网真实 IP 地址的接入服务线路，而不管连接获得的 IP 地址属于动态还是静态。

任务 5　使用百度地图出行

任务目标

1．了解百度地图的使用方法。
2．掌握百度地图的路线规划和三维模式。
3．了解百度地图的其他功能。

任务描述

由于业务需要，公司派张明去郑州大学（南校区）进行业务洽谈，张明原来没有去过此大学，但是这难不倒张明，张明决定使用百度地图，将自己的行程进行有序规划，出门前搜索地址，查询具体的乘车路线。

操作步骤

1．路痴专用三维地图

步骤 1：在 IE 浏览器中打开百度地图，如图 4-5-1 所示。

图 4-5-1　在 IE 浏览器中打开百度地图

步骤 2：在搜索框中输入想要搜索的地点，如图 4-5-2 所示。

图 4-5-2　在搜索框中输入搜索地点

步骤 3：查到搜索结果后，直接单击"进入全景"按钮，如图 4-5-3 所示。当然，也可以单击右侧"全景"按钮，如图 4-5-4 所示。

图 4-5-3　搜索结果　　　　　　　　　图 4-5-4　"全景"按钮

步骤 4：可以看到方向箭头，移动鼠标光标可以看到箭头指示，指向"前进多少米"字样并单击，可以移动到当前位置，如图 4-5-5 所示。

图 4-5-5　全景显示

步骤 5：按住鼠标左键不动，拖动可以调整当前的方位，单击 "摄像头"按钮可旋转方向，单击"返回地图"按钮可以退出全景，如图 4-5-6 所示。

图 4-5-6 调整方位、方向或推出全景

2. 规划路线

步骤 1：打开百度地图，输入出发地点和目的地点，选择出行的类型，如公交，如图 4-5-7 所示。

图 4-5-7 输入路线信息

步骤 2：单击"百度一下"按钮，百度地图即可将路线规划好，确定路线后，单击"发送到手机"按钮，还可以免费将路线发送到指定的手机中，如图 4-5-8 所示。

图 4-5-8 将规划路线发送至手机

3. 查找餐饮

步骤 1：使用浏览器打开百度地图，定位到要去的位置，单击左侧的餐饮图标，如图 4-5-9 所示。

图 4-5-9　定位目的地餐饮位置

步骤 2：可显示众多餐馆、饭店，选择任意一个即可查看到其详细信息，如图 4-5-10 所示。

步骤 3：再次单击可以查看更多内容，还可以将其发送到手机，方便用户保存信息，如图 4-5-11 所示。

图 4-5-10　查看餐馆信息　　　　图 4-5-11　发送餐馆信息至手机

当然，百度地图的其他服务功能也非常便捷，通过百度地图的帮助，张明的这次任务得以圆满完成。

知识链接

1. 百度地图

百度地图是百度提供的一项网络地图搜索服务，覆盖了国内近 400 个城市、数千个区县。在百度地图里，用户可以查询街道、商场、楼盘的地理位置，也可以找到离用户最近的所有餐馆、学校、银行、公园等。2010 年 8 月 26 日，在使用百度地图服务时，除了普通的电子地图功能之外，新增加了三维地图功能。

2．手机百度地图功能

（1）搜索功能。

搜索功能方面：手机百度地图除了支持一般地点、类别检索外，也开始支持商铺检索和对公交、地铁站点的检索。输入公交站点或路线名称，手机百度地图即可直接显示该站点或路线的详细信息，包括站点的途径线路和相应的首末班车时间，而查询线路时可以看到线路轨迹以及沿途各个站点的首末班车时间。

路线规划方面：手机百度地图除了支持基本的路线规划之外，还可以支持根据"时间、距离以及是否乘坐地铁"的不同方案来进行排序和重新规划功能。

附近搜索：支持以任意地点为中心，查找周边的设施或具体地点，并给出距离中心点的距离，方便用户规划行程；配合定位和路线规划，利于用户出行导航。

（2）定位功能。

实时路况和路况预测：对于手机地图用户，对这两个功能的依赖要比 PC 端用户更为强烈，而百度地图客户端支持该功能。

实时定位功能：手机百度地图支持实时更新用户位置功能，且当用户运动时给出运动方向，为下一步行为做出清晰指引。如果手机自身的硬件配备了陀螺仪，则手机百度地图的手机罗盘功能相当于一个指南针；用户可以随时查看方向。

（3）保存和分享功能。

另存地图：保留当前屏幕截屏到手机，贴心省流量，不用联网也可随时查看预先查好的地点和线路。

发送给好友：任意查询的结果，都能随时以短信或彩信的形式发送给好友，而好友除了可以在彩信上、文字上查看之外，还可以通过附带的链接地址直接访问百度地图发送的位置。

收藏地点、线路：遇到常用的地点和线路时，可以直接收藏，随时调出查看。

任务6 设置无线网络

任务目标

1．了解无线网络的应用环境。
2．掌握无线路由器的物理连接和设置。
3．掌握客户机的设置。

任务描述

张明和同事都要在办公室中联网办公，大多使用笔记本式计算机，而笔记本式计算机标配了无线网卡，为了降低成本，美化办公环境，公司决定购买一台无线路由器，设置无

线网络的任务便交给了张明。下面随张明来学习如何设置无线网络。

操作步骤

1. 无线路由器设置

步骤 1：根据实际宽带接入形式，连接好线路，把宽带连接到路由器（WAN 口）上，将计算机连接到路由器上（编号 1、2、3、4 中的任意一个端口），如图 4-6-1 所示。

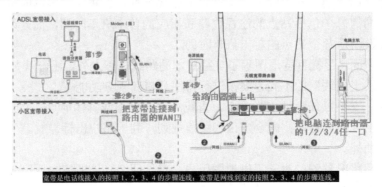

图 4-6-1　连接路由器

插电之后，路由器正常工作的系统指示灯是闪烁的。线路连接好后，路由器的 WAN 口和连接计算机的端口指示灯都会常亮或闪烁，如果相应端口的指示灯不亮或计算机的网卡图标显示为红色的叉，则表明线路连接有问题，应尝试检查网线连接或换条网线。

步骤 2：配置计算机，计算机和路由器需要进行通信，因此需要对计算机进行设置，具体设置如图 4-6-2 所示。

图 4-6-2　本地连接计算机设置

经过上面的设置后，计算机会自动向路由器申请 IP 地址，如图 4-6-3 所示。

步骤 3：在浏览器地址栏中输入路由器地址，一般是 192.168.1.1，如图 4-6-4 所示。

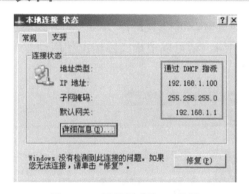

图 4-6-3　计算机获取 IP 地址

图 4-6-4　输入路由器地址

步骤 4：输入相应的账号与密码，一般默认值是 admin，如图 4-6-5 所示。

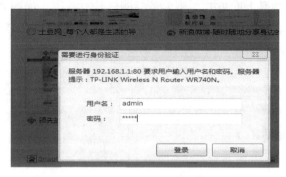

图 4-6-5　进行身份验证

步骤 5：进入操作界面，左边有"设置向导"选项卡，进入设置向导，如图 4-6-6 所示。

图 4-6-6　操作界面

步骤 6："设置向导"界面如图 4-6-7 所示。

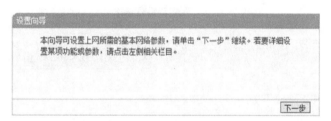

图 4-6-7　"设置向导"界面

步骤 7：单击"下一步"按钮，进入上网方式的设置，可以看到有 3 种上网方式的选择，如果是拨号上网，则使用 PPPoE；如果是公司网络，则可以根据实际情况使用动态 IP 或静态 IP，如图 4-6-8 所示。

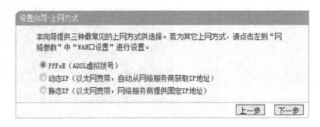

图 4-6-8　设置上网方式

如果使用 PPPoE 拨号上网方式，则要填写网账号与密码，如图 4-6-9 所示。

如果使用动态 IP 方式，则不用填写任何信息；如果使用静态 IP 方式，则填写相应内容，如图 4-6-10 所示。

图 4-6-9　填写上网账号及密码

图 4-6-10　静态 IP 设置

步骤 8：进行无线设置，可以设置信道、模式、安全选项、SSID 等，一般 SSID 是一个名称，可以随便填写，模式大多选用 11bgn，无线安全选项一般选用 WPA-PSK/WPA2-PSK，如图 4-6-11 所示。

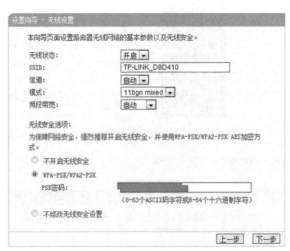

图 4-6-11　无线设置

步骤 9：单击"下一步"按钮即可设置成功，如图 4-6-12 所示。

设置向导
设置完成，单击“完成”退出设置向导。
提示：若路由器仍不能正常上网，请点击左侧“网络参数”进入“WAN口设置”栏目，确认是否设置了正确的WAN口连接类型和拨号模式。
上一步
完成

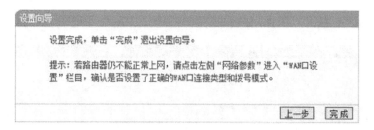

图 4-6-12 设置完成

单击“完成”按钮，路由器会自动重启，重启后可以查看状态信息，如图 4-6-13 所示。

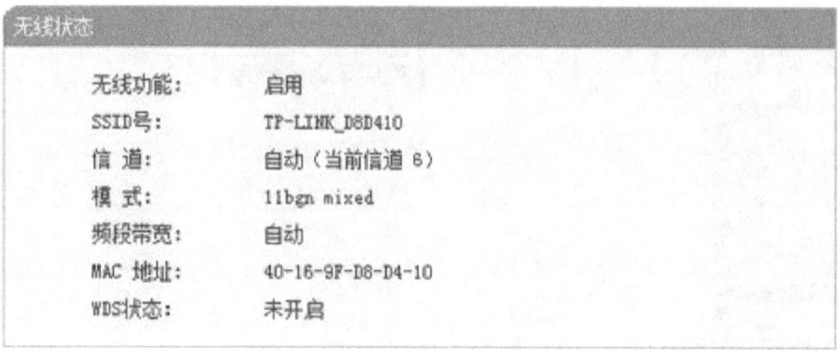

无线状态
无线功能： 启用
SSID号： TP-LINK_D8D410
信 道： 自动（当前信道 6）
模 式： 11bgn mixed
频段带宽： 自动
MAC 地址： 40-16-9F-D8-D4-10
WDS状态： 未开启

（a）

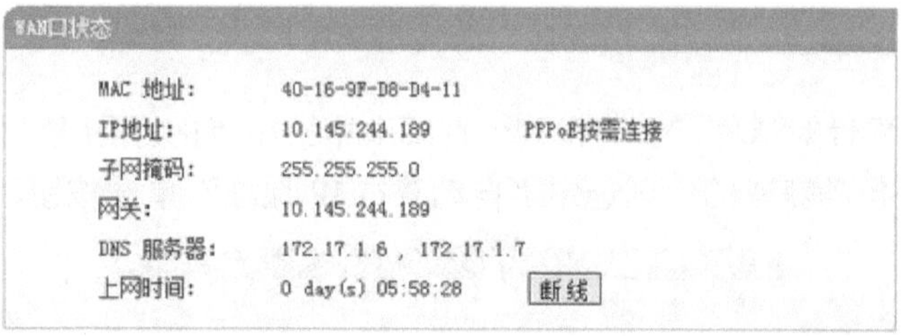

WAN口状态
MAC 地址： 40-16-9F-D8-D4-11
IP地址： 10.145.244.189 PPPoE按需连接
子网掩码： 255.255.255.0
网关： 10.145.244.189
DNS 服务器： 172.17.1.6 , 172.17.1.7
上网时间： 0 day(s) 05:58:28
断线

（b）

图 4-6-13 查看状态信息

2．客户机设置

步骤 1：在计算机中选择“开始”→“设置”→“网络连接”选项，如图 4-6-14 所示。

程序(P)
文档(D)
设置(S)
搜索(C)
帮助和支持(H)
运行(R)...
注销 Administrator(L)...
关闭计算机(U)...
控制面板(C)
网络连接(N)
打印机和传真(P)
任务栏和「开始」菜单(T)
Windows XP Professional

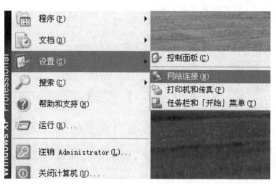

图 4-6-14 查看“网络连接”

步骤 2：打开“网络连接”窗口，可以在窗口中看到“无线网络连接”图标，在“无线网络连接"图标上右击，在弹出的快捷菜单中选择"属性"选项，如图 4-6-15 所示。

图 4-6-15 "无线网络连接"属性

步骤 3：弹出属性对话框，在"常规"选项卡中选中"Internet 协议"，填入 IP 地址等信息即可，如果是自动获取的，则选中"自动获得 IP 地址"单选按钮，如图 4-6-16 所示。

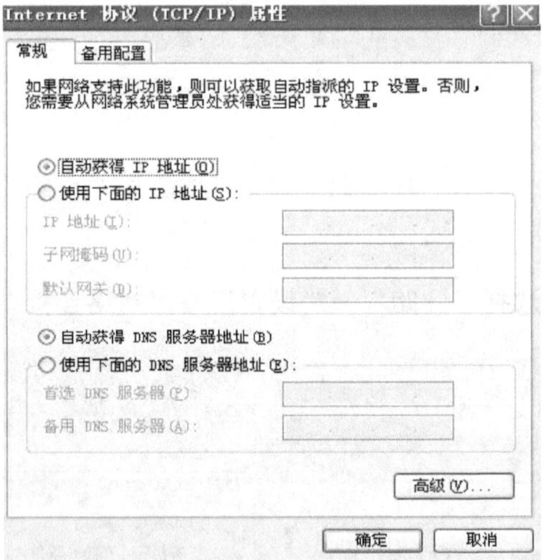

图 4-6-16 "Internet 协议（TCP/IP）属性"设置

步骤 4：选择"无线网络配置"选项卡，单击"查看无线网络"按钮，如图 4-6-17 所示。

步骤 5：可以看到计算机已能够搜索到所有的无线网络信号，选中创建的无线网络 SSID，单击"连接"按钮即可，如果设置了无线网络的密码，则输入密码才能连接，这样计算机即可使用无线网络，如图 4-6-18 所示。

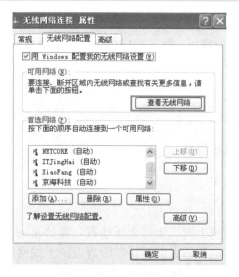

图 4-6-17　查看无线网络

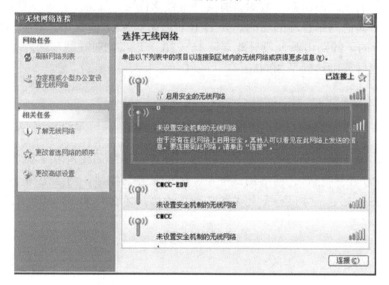

图 4-6-18　连接无线网

知识链接

1. 无线局域网

无线局域网是相当便利的数据传输系统，它利用射频技术，使用电磁波，取代旧式的双绞铜线构成了局域网络，在空中进行通信连接，使得无线局域网络能利用简单的存取架构，使用户通过它方便地联网。

2. 常见的无线网络标准

IEEE 802.11a：使用 5GHz 频段，传输速度 54Mb/s，与 IEEE 802.11b 不兼容。

IEEE 802.11b：使用 2.4GHz 频段，传输速度 11Mb/s。

IEEE 802.11g：使用 2.4GHz 频段，传输速度主要有 54Mb/s、108Mb/s，可向下兼容 802.11b。

IEEE 802.11n 草案：使用 2.4GHz 频段，传输速度可达 300Mb/s，标准尚为草案，但产品已有很多。

目前，IEEE 802.11b 最为常用，但 IEEE 802.11g 更具下一代标准的实力，IEEE 802.11n 也在快速发展中。

3．无线网络的优点

（1）活性和移动性。

（2）安装便捷。

（3）易于进行网络规划和调整。

（4）定位容易。

（5）易于扩展。

4．无线路由器

无线路由器是应用于用户上网、带有无线覆盖功能的路由器。无线路由器可以看做一个转发器，将家中宽带网络信号通过天线转发给附近的无线网络设备（笔记本式计算机、支持 Wi-Fi 的手机，以及所有带有 Wi-Fi 功能的设备）。

市场上流行的无线路由器一般除具有支持专线 XDSL、Cable、动态 XDSL、PPTP 等接入方式，还具有其他网络管理的功能，如 DHCP 服务、NAT 防火墙、MAC 地址过滤等功能。市场上流行的无线路由器一般只能支持 15～20 个设备同时在线使用。现在已经有部分无线路由器的信号范围达到了 3000m。

项目小结

通过实施本项目的 6 个任务，想必读者已经对办公网络的使用有了初步的了解。读者通过对网络电话、内网通信、网络测试命令、文件服务器搭建、网络地图查询和办公无线网络组建的使用和配置，不仅会大大提高了办公效率，还会对学习网络技术有所帮助。

项目 5
移动客户端工具软件的使用

项目目标

1. 了解各种移动客户端软件的特点。
2. 掌握利用各种移动客户端软件进行操作的方法和步骤。

项目描述

本项目通过 5 个任务讲解了移动客户端软件，包括 iTunes、微信、高德地图、移动端文件管理、移动端权限管理等，并讲解了这些软件的特点、操作方法和步骤。通过实例来引导大家使用移动客户端工具软件。

任务 1 iTunes 同步管理手机

任务目标

1. 了解 iTunes 软件的基本概念。
2. 掌握使用 iTunes 软件同步视频、音频和图片等的方法。
3. 掌握使用 iTunes 向手机等移动客户端安装软件、传送数据等的方法。

任务描述

张明新买了一部 iPhone 6 Plus 手机，他刚拿到手机时非常不习惯，IOS 系统无法像 Android 系统一样方便地从手机向计算机或从计算机向手机传送数据，他在计算机上下载的手机 App 都无法在手机中应用，雷军告诉张明 iPhone 手机使用的是 iTunes 同步软件。

雷军向张明讲解了 iTunes 软件的使用方法。

操作步骤

1. iTunes 软件的下载安装和登录

步骤 1：用数据线将手机和计算机相连。iTunes 软件可以在苹果官方网站（http://www.apple.com.cn/itunes）上进行下载，如图 5-1-1 所示。

图 5-1-1　iTunes 下载

注意

如果计算机操作系统是 32 位的，则选择 X86 版本；如果系统是 64 位的，则选择 64-bit 版；如果是苹果计算机，则选择 Mac 版。

步骤 2：安装好之后，双击桌面上的快捷方式图标　，进入 iTunes 的操作界面，如图 5-1-2 所示。

图 5-1-2　iTunes 的操作界面

步骤 3：单击"登录"按钮，进入如图 5-1-3 所示的界面，需要输入自己的 Apple ID 和密码即可登录。

图 5-1-3　登录到 iTunes store

2. 使用 iTunes 安装软件

由于 iOS 系统的特殊性，iOS 软件只能从 App Store 下载，如何从 App Store 下载软件呢？iTunes 就是途径之一，下面来介绍如何从 App Store 下载应用软件到 iOS。

步骤 1：搜索需要的 App。

打开 iTunes，进入 iTunes Store，在地址栏中搜索需要查找的 App，如图 5-1-4 所示。

图 5-1-4　查找需要的 APP

步骤 2：假设需要安装的 App 为"百度视频"，搜索完成之后，可以从图片下面的按钮上查看是否需要付费，如图 5-1-5 所示。

图 5-1-5　显示"百度视频"的搜索结果

步骤 3：单击左上方的"iPhone"按钮，进入如图 5-1-6 所示的界面。

图 5-1-6　进入 iPhone 界面

步骤 4：单击"应用程序"按钮，并找到自己刚才下载的应用程序，如图 5-1-7 所示。

图 5-1-7　找到下载好的应用程序

步骤 5：单击"安装"按钮，完成后单击"完成"按钮，会弹出提示对话框，单击"应用"按钮，如图 5-1-8 所示，应用程序开始同步，完成后可在屏幕上看到新安装的应用程序，如图 5-1-9 所示。

图 5-1-8　应用程序同步完成　　　　　　图 5-1-9　屏幕上的新应用程序

3．使用 iTunes 添加音乐

步骤 1：打开 iTunes，选择"资料库"→"音乐"选项，单击左上角的图标，选择"将文件添加到资料库"选项，或者直接将音乐拖动到音乐资料库中的空白处，如图 5-1-10 所示。

图 5-1-10　将文件添加到资料库

步骤 2：添加完毕后单击右上角的"iPhone"按钮，进行 Administrator 的 iPhone 设置，如图 5-1-11 所示。

图 5-1-11　Administrator 的 iPhone 设置

步骤 3：选择"音乐"选项卡，进入音乐设置界面，如果已选中"同步音乐"复选框，则单击右下角的"同步"按钮；如果未选中此复选框，则选中"同步音乐"复选框，再单击右下角的"应用"按钮，如图 5-1-12 所示。

图 5-1-12　"同步音乐"设置

步骤 4：等待同步完成，即可完成向手机中添加音乐的全过程。

4．使用 iTunes 添加视频

步骤 1：单击菜单栏中的"音乐"下拉按钮，在打开的"资料库"面板中选择"影片"选项，如图 5-1-13 所示。

图 5-1-13　选择"影片"选项

步骤 2：单击左上角的图标，选择"将文件添加到资料库"选项，或者直接将视频拖动到影片资料库中的空白处，如图 5-1-14 所示。

步骤 3：单击右上角的"iPhone"按钮，进行 Administrator 的 iPhone 设置，如图 5-1-15 所示。

图 5-1-14 执行"将文件添加到资料库"命令

图 5-1-15 Administrator 的 iPhone 设置

步骤 4：选择"影片"选项卡，进入影片设置界面，如果已选中"同步影片"复选框，则单击右下角的"同步"按钮。如果未选中此复选框，则应先选中，再单击右下角的"应用"按钮，如图 5-1-16 所示。

图 5-1-16 "同步影片"设置

步骤 5：等待同步完成，即可完成向手机中添加视频的全过程。

5. 使用 ITunes 添加图片

步骤 1：在资料库中单击右上角的"iPhone"按钮，进入 Administrator 的 iPhone 设置界面，如图 5-1-15 所示。

步骤 2：选择"照片"选项卡，进入照片设置界面，选中"同步照片"复选框，如图 5-1-17 所示。

图 5-1-17 "同步照片"设置

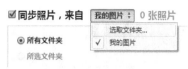

步骤 3：执行"我的图片"→"选取文件夹"命令，选择要添加的图片所在的文件夹，如图 5-1-18 所示。

步骤 4：单击右下角的"同步"按钮，等待同步完成，即可完成向手机中添加图片的全过程。

6．弹出 iPhone

同步完毕，在菜单栏中单击"完成"按钮，再单击右上角"iPhone"右侧的弹出图标，即可拔下 iPhone 数据线，如图 5-1-19 所示。

图 5-1-18　选择要添加图片的文件夹

图 5-1-19　单击"完成"按钮

 知识链接

iTunes 是一款数字媒体播放应用程序，是供 Mac 和 PC 使用的一款免费应用软件，能管理和播放数字音乐和视频。由苹果计算机公司在 2001 年 1 月 10 日于旧金山的 Macworld Expo 推出。

iTunes 程序可用以管理苹果计算机的 iPod 数字媒体播放器上的内容。此外，iTunes 能连线到 iTunes Store（假如网络连接存在），以便下载购买数字音乐、音乐视频、电视节目、iPod 游戏、各种 Podcast 及标准长片。

iTunes 可从苹果计算机的官方网站免费下载取得，也随所有的 Macintosh 计算机及一些 iPod 附带，并提供给 Mac OS X。它是苹果计算机的 iLife 多媒体应用程序套件的一部分。

任务 2　使用微信

 任务目标

1．了解微信的整体情况。
2．熟练使用微信进行同步聊天记录、添加 QQ 表情、查询公众号等操作。
3．学会使用微信进行私人秘书提醒的功能。
4．了解微信的未来发展趋势。

任务描述

张明身边的朋友都申请了微信，微信是人与人之间沟通和交流常用的方式。可是张明现在只会用微信与朋友聊天，以及在朋友圈与朋友分享趣事，一些额外的功能，如同步微

信聊天记录、添加表情、查询公众号等他还不会使用。

雷军是这方面的高手，他给张明讲解了如何使用和挖掘微信的潜在功能。

操作步骤

1. 微信简介与下载

（1）微信简介。

微信是腾讯公司于 2011 年初推出的一款通过网络快速发送语音短信、视频、图片和文字，支持多人群聊的手机聊天软件。

用户可以通过微信与好友进行形式上更加丰富的类似于短信、彩信等方式的联系。微信软件本身完全免费，使用的功能也不会收取费用，使用微信时产生的上网流量费由网络运营商收取。

因为是通过网络传送的，因此微信不存在距离的限制，即使是国外的好友，也可以使用微信对讲。

（2）微信下载。

微信分为计算机版和手机版，计算机版可以通过计算机直接下载。手机版的又分苹果版和安卓版，苹果版通过 App Store 直接下载安装，安卓版可以通过计算机或者手机直接下载安装，安装过程快速、简单。

2. 微信收藏 QQ 表情

在用微信聊天时，通常希望能够多使用一些表情来代替乏味的文字。

而微信的表情商店中已经准备了很多有趣的图案，但是它们大多数是付费的，而且造型比较卡通，所以用起来并不是很方便。

QQ 上的丰富表情让原本枯燥无味的文字变得生动有趣，能把这些 QQ 表情全部收藏到微信中吗？

步骤 1：需要在 PC 端和手机端安装最新版 QQ，当在计算机上看到喜欢的表情时双击，在最下方单击"发送到手机"按钮，如图 5-2-1 所示。

图 5-2-1　将"表情发送到手机"

步骤 2：打开手机上安装的 QQ，即可收到这个表情，如图 5-2-2 所示。

步骤 3：单击表情并选择图片右下方的"更多"选项，单击"保存到手机"按钮，将表情保存到手机中，如图 5-2-3 所示。

图 5-2-2　手机 QQ 接收表情

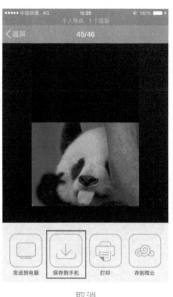

图 5-2-3　将表情保存到手机

步骤 4：在手机上打开微信并选择"我"选项，单击"表情"按钮，单击右上角的"齿轮"按钮，进入表情管理界面，选择"我收藏的表情"选项，会看到一个大大的加号，选中后可以找到刚刚保存在手机里的表情，如图 5-2-4 所示。

图 5-2-4　查找已保存的表情

　　需要添加的 QQ 表情图片不宜过大，否则无法将其添加到微信中。

　　步骤 5：在微信中使用 QQ 表情。当用户和好友聊天时，单击输入框右侧的表情符，在第二列（红色心形）中可以找到它们，如图 5-2-5 所示。

图 5-2-5　在微信聊天中使用 QQ 表情

3．使用微信查询快递服务

使用微信可以查询快递信息。

先了解一下微信中"服务号"和"订阅号"之间的区别。

服务号：为用户提供服务的，如查物流快递、查信用卡信息、查航班动态等。

订阅号：为用户提供信息和资讯的，当用户想了解一些热点动态和新闻等时，可以关注这些订阅号。

步骤 1：关注快递服务号。这里以"顺丰"为例，在通讯录中选择服务号并单击右上角的"添加"按钮输入"顺丰"两字，会显示很多结果，这里提示一定要选择认证过的账号，如图 5-2-6 所示。

图 5-2-6　关注快递服务号

步骤 2：输入快递单号查询物流信息。关注后只要输入快递单号即可查询完整的信息，从发货到签收信息齐全，随时随地可以查询快递位置，如图 5-2-7 所示。

图 5-2-7　查询物流信息

如果关注的是订阅号，则订阅号会为用户提供大量的资讯信息，是用户获取新闻最直接的方式。

4．微信私人秘书准时提醒

微信中可以设置语音提醒功能，如果第二天有重要的事情，设置提醒后，微信就能启用提醒功能。

步骤 1：在服务号中添加"语音提醒"，打开"语音提醒"，再对准手机说出要提醒的时间和事件，一定要发音清楚。当软件识别之后会再发送一条确认微信，这样能避免识别错误，如图 5-2-8 所示。

图 5-2-8　设置"语音提醒"

步骤 2：准时提醒。到达约定的时间后，微信提醒准时响起，单击收听即可听到自己的留言，这样可以避免忘记该做的事情。

除了重要的事情外，亲人朋友的生日，或者有特殊意义的日子，这个功能都能派上用场，如图 5-2-9 所示。

图 5-2-9　查看语音提醒

5. 同步微信聊天记录

微信还提供了同步微信聊天记录的功能，可以使微信在不同的手机上互相切换时，微信群组、聊天内容都保存下来。那么如何将微信内容方便地保存到另一部设备上呢？

步骤 1：微信具有同步信息的功能，其实现起来很简单。在底部栏中选择"设置"→"通用"选项。

步骤 2：进入"通用"界面，可以看到最下面有"聊天记录迁移"选项，如图 5-2-10 所示。

步骤 3：在此可以上传和下载。值得注意的是，目前上传的聊天记录只能保存 7 天，超过期限数据会被删除，如图 5-2-11 所示。

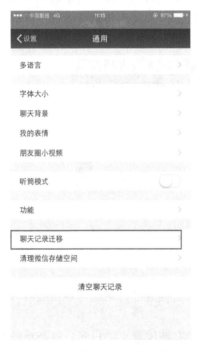

图 5-2-10　"聊天记录迁移"选项　　　　图 5-2-11　上传或下载记录

步骤 4：触击"上传"按钮，进入上传界面，更换到另外一部手机，进入相同界面，触击"下载"按钮，即可完成聊天记录等数据的迁移，如图 5-2-12 所示。

图 5-2-12　实现聊天记录等数据的迁移

 知识链接

1．微信的商业化

微信作为时下最热门的社交信息平台，也是移动端的一大入口，正在演变为一大商业交易平台，其对营销行业带来的颠覆性变化开始显现。微信商城的开发也随之兴起，微信商城是基于微信而研发的一款社会化电子商务系统，消费者只要通过微信平台，即可实现商品查询、选购、体验、互动、订购与支付的线上线下一体化服务模式。

2．微信也需要文明

大哲学家黑格尔说："秩序是自由的第一条件。"谁都喜欢自由，但秩序是人类一切活动的必要前提，是社会发展所应追求的基本价值。在网上也是如此。响应"微信十条"和"七条"底线，遵从卢梭所谓的"光荣的束缚"，学会文明地使用微信，可以使微信等即时通信工具更好地发展。

任务 3　使用高德地图

 任务目标

1．学会从网上下载高德地图并进行安装。
2．熟练利用高德地图搜索路线。
3．了解高德地图中周边美食搜索功能。
4．能够在手机高德客户端上下载离线地图。

任务描述

张明是某公司的销售员，他经常奔波于各个城市，到达一个陌生城市，他需要找到去见客户要走的路线，还要预订酒店和吃饭，雷军向他推荐了高德地图，并且很热心地给张

明详细讲解了高德地图的使用方法。

操作步骤

1. 高德地图的下载与安装

步骤1：登录高德地图官方网站"http://www.autonavi.com"，打开高德地图官方网站页面，如图5-3-1所示。

图5-3-1　高德地图官方页面

步骤2：打开本项目任务2介绍的微信中的"扫一扫"功能，对准官方网站中的下载二维码进行扫描，手机会提醒用户进行下载，下载完成后，手机会自动提醒安装，安装完成后在手机界面上会有高德地图图标，如图5-3-2所示。

图5-3-2　在手机界面生成"高德地图"图标

2．利用高德地图导航

张明到达了一个陌生的城市，在火车站需要乘坐公交到客户所在地，但是他想通过高德地图知道乘坐公交的路线。

步骤 1：打开高德地图，触击界面中左下角的定位图标找到用户目前所在位置，如图 5-3-3 所示。

步骤 2：移动到地图的其他位置，触击地图下面"路线"按钮，进入搜索路线界面，如图 5-3-4 所示。

图 5-3-3　当前位置定位

图 5-3-4　搜索路线界面

步骤 3：如果起点就是目前所在的位置，则不用修改，如果需要选择其他起点，则要触击"我的位置"进行选择，这里以"郑州火车站售票处"为例进行介绍，如图 5-3-5 所示。

图 5-3-5　输入起点

步骤 4：单击"输入终点"，选择需要到达的位置，这里以"郑州市信息技术学校"为例进行介绍，如图 5-3-6 所示。

图 5-3-6　输入终点

步骤 5：输入完成后选择出行方式，如自驾、公交、步行，单击"搜索"按钮，这里选择公交作为出行方式，如图 5-3-7 所示。

图 5-3-7　选择出行方式

步骤 6：搜索结果如图 5-3-8 所示，用户可以设定自己的出发时间和路线方案。

图 5-3-8 设置出发时间和路线

步骤 7：这里选择搜索结果中第一项，可以看到该路线的详细情况，如图 5-3-9 所示，可以触击"预览"按钮查看该路线的动画，也可以将其生成截图保存至手机中。

图 5-3-9 显示路线结果

3．利用高德地图搜周边

张明想利用高德地图找到离自己最近的沙县小吃，雷军告诉他可使用以下步骤解决这个问题。

步骤 1：打开高德地图，进入主界面，通常会自动定位用户的所在位置，如果用户要搜索某一个位置的周边，如"郑州市人民公园"，则需要在搜索框中找到该位置，如图 5-3-10 所示，如果要搜索用户现在所在位置，则单击地图左下角的定位按钮即可。

图 5-3-10 定位用户位置

步骤 2：单击"搜周边"按钮，进入搜索界面，如图 5-3-11 所示。

图 5-3-11 搜索周边

步骤 3：在最上面的文本框中输入"沙县小吃"，进入沙县小吃搜索结果界面，如图 5-3-12 所示。

步骤 4：在搜索结果界面中，可以查看到达该搜索结果的路线，也可以给该店店主打电话，如图 5-3-13 所示。

图 5-3-12 "沙县小吃"搜索结果

图 5-3-13 查询路线或电话联系小吃店铺

4. 下载离线地图

张明觉得高德地图具有非常强的导航功能，几乎可以媲美专业的导航软件，但为了节省流量，他想下载离线包，雷军为他耐心讲解了怎样下载离线地图。

步骤1：打开高德地图，并进入主界面。此时通常会自动定位用户的所在点，触击击图 5-3-14 中右下角的"更多"按钮，进入"更多"界面，触击击"离线地图"按钮，如图 5-3-15 所示。

图 5-3-14 触击"更多"按钮

图 5-3-15 触击"离线地图"按钮

步骤2：高德把每个省每个市的离线地图划分了出来，所以通常只要下载需要的城市即可，这里选择郑州，如图 5-3-16 所示。

图 5-3-16　选择下载城市

步骤 3：找到需要的城市的地图之后，触击城市右侧的"下载"符号按钮，系统会开始下载，下载后会自动解压缩，解压缩之后自动安装，不需要用户进行任何操作，如图 5-3-17 所示。

步骤 4：此时离线地图基本上安装完成了，单击"已下载"按钮，即可看到所有已下载的地图，以及需要更新的地图，如图 5-3-18 所示。

图 5-3-17　郑州市地图下载状态

图 5-3-18　查看已下载的地图

知识链接

1. 高德地图

高德地图是国内一流的免费地图导航产品，也是基于位置的生活服务功能最全面、信息最丰富的手机地图，由国内最大的电子地图、导航和 LBS 服务解决方案提供商高德软件提供。高德地图采用领先的技术为用户打造了最好用的"活地图"，不管在哪、去哪、找哪、怎么去，一图在手，均可实现，省电、省流量、省钱。

2. 高德地图的版本

在计算机客户端可以登录"http://www.amap.com"，轻松便捷地利用高德地图，也可以将高德地图下载到手机中。

<h2 style="text-align:center">任务4 WI-FI 热点设置</h2>

 任务目标

1. 理解 Wi-Fi 热点的含义。
2. 熟练使用 iPhone 手机进行 Wi-Fi 热点设置。
3. 熟练使用 Android 手机进行 Wi-Fi 热点设置。

任务描述

张明最近买了一部 iPhone6 手机，每月有 2GB 的流量包，这么多流量他一个人用不完。如何将手机的无线网络共享给其他人使用呢？下面就来研究一下。

 操作步骤

1. iPhone 手机的 Wi-Fi 热点设置

iPhone、iPad 怎样建立热点，供计算机、其他手机等移动设备上网呢？

步骤 1：确保 IPhone 开启了蜂窝数据，最好启用 4G 或 3G 网络，这样 Wi-Fi 的速度会比较快，在"设置"→"蜂窝移动网络"中查看，如图 5-4-1 所示。

步骤 2：选择"设置"→"个人热点"选项，此时的个人热点处于关闭状态。

步骤 3：在个人热点设置界面中，开启个人热点开关，在设置热点开启方式时，根据用户的上网情况来选择。

如果其他设备有无线功能，如笔记本式计算机，则可以选择"打开'Wi-Fi'和蓝牙"选项，用笔记本式计算机搜索 iPhone 的热点，连接上即可上网。

如果其他设备没有无线功能，则选择"仅 USB"选项。这样通过 iPhone 的数据线和计算机连接，计算机即可自动通过 iPhone 上网，不需要任何设置，如图 5-4-2 所示。

图 5-4-1　蜂窝移动网络

图 5-4-2　开启"个人热点"

步骤 4：WiFi 密码最少是 8 位。为了提高安全性，可以使用英文字母、数字、特殊字符的组合，如图 5-4-3 所示。

步骤 5：这时 WiFi 热点已经建立成功。在笔记本式计算机上可以搜索到，输入密码即可连接网络，如图 5-4-4 所示。

图 5-4-3　设置 Wi-Fi 密码

图 5-4-4　在笔记本电脑上搜索网络

2．Android 手机的 Wi-Fi 热点设置

现在的 Android 智能手机是一个相当实用的 Wi-Fi 热点工具，在笔记本式计算机没有网络的情况下，可以启用手机的 Wi-Fi 网络供计算机使用。下面来讲解 Android 手机 Wi-Fi 热点的使用方法。

步骤 1：进入手机"设置"界面，如图 5-4-5 所示。

步骤 2：进入"无线与网络设置"界面，如图 5-4-6 所示。

图 5-4-5　"设置"界面

图 5-4-6　"无线和网络设置"界面

步骤 3：进入"绑定与便捷式热点"界面，如图 5-4-7 所示，选中"便捷式 Wi-Fi 热点"复选框。

步骤 4：触击"便捷式 Wi-Fi 热点设置"按钮，可以为自己的便携式 Wi-Fi 热点设置密码，如图 5-4-8 所示。

图 5-4-7　选中"便携式 Wi-Fi"热点　　　图 5-4-8　为便携式 Wi-Fi 热点设置密码

步骤 5：至此，手机端已经设置好，计算机可以直接搜索到信号，进行连接即可，如图 5-4-9 所示。

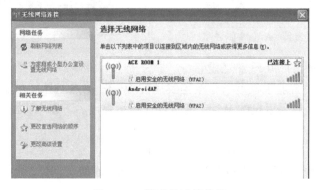

图 5-4-9　搜索并连接信号

 知识链接

Wi-Fi 热点是指把手机的接收 GPRS 或 3G 信号转化为 Wi-Fi 信号再发送出去，这样手机就会成为一个 Wi-Fi 热点。手机必须有无线功能，才能当做热点。有些系统自带创建热点功能如 iOS。

把手机当作热点很费电，最好使用的时候给手机充上电。

任务5　手机权限管理

 任务目标

1．理解手机权限管理的重要性。
2．熟练掌握手机权限管理的两种方法。
3．了解不同品牌手机管理的方法。

任务描述

　　随着移动互联网的发展，现在的手机应用越来越丰富，在安装应用的同时，这些应用拥有了一些搜集数据的系统权限。现在的手机软件大都内置了盗取手机用户信息的技术，如读取短信、收集联系人。张明用了智能手机，但如何让自己的手机健康、绿色呢？雷军向张明简单介绍了用手机如何打开和关闭非系统自带的应用程序的系统权限。

操作步骤

1．手机自带权限管理

这里以"华为 畅玩 4X"为例进行介绍。

步骤 1：进入手机界面，单击"设置"图标，如图 5-5-1 所示。

步骤 2：在设置界面中执行"全部设置"→"权限管理"命令，如图 5-5-2 所示。

图 5-5-1　单击"设置"图标　　　　　　图 5-5-2　"全部设置"选项卡

　　步骤 3：进入"权限管理"界面，这里有"权限"和"应用"两个选项卡，两个选项卡规定了两种不同的权限设置方式，选择"权限"选项卡，可以设置"开机自动启动"和"隐私数据"两个权限，如图 5-5-3 所示。

　　步骤 4：单击"开机自动启动"按钮，进入设置"开机自动启动"界面，如图 5-5-4 所示，可以根据自己的选择设置自动启动项，灰色表示不自动启动，蓝色表示自动启动。

　　步骤 5：　如果需要设置为"全部禁止"或者"全部允许"，则可以单击"全部允许"和"全部禁止"按钮进行设置，如图 5-5-5 所示。

　　步骤 6：设置好开机自动启动项后，设置隐私数据，这里以"读取短信/彩信"为例进行设置，如图 5-5-6 所示。

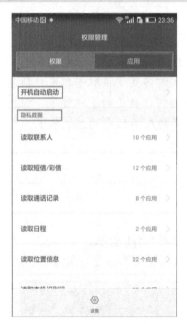

图 5-5-3　"权限"选项卡

图 5-5-4　"开机启动"界面

图 5-5-5　统一设置

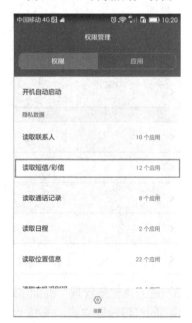

图 5-5-6　"权限管理"设置

步骤 7：单击"读取短信/彩信"按钮，进入"读取短信/彩信"设置界面，可以看到软件不同，读取信息/彩信的设置方式也不同，如图 5-5-7 所示，可以根据自己的需要进行设置，这里都设置为无法读取短信/彩信，触击"禁止"按钮即可，如图 5-5-8 所示。

步骤 8：也可以选择"应用"选项卡，打开受监控的应用，为每个应用设置权限，如图 5-5-9 所示。

图 5-5-7　各软件对"读取短信/彩信"的不同设置　　　　图 5-5-8　全部禁止"读取短信/彩信"

图 5-5-9　为每个应用设置权限

步骤 9：这里以设置"360 卫士"权限为例，触击"360 卫士"按钮，进入设置界面，如图 5-5-10 所示，可以设置信任此应用、开机自动启动及隐私数据设置。

图 5-5-10 "360 卫士"权限设置

2. 利用软件进行权限管理

张明问雷军，所有手机都有自带权限管理吗？雷军说不是，有些手机就没有此功能，但可以下载一些软件（如"360 安全卫士"）进行设置。

步骤 1：在手机上下载 360 安全卫士软件并安装。

步骤 2：打开 360 安全卫士，进入 360 安全卫士界面，单击"安全防护"按钮，单击"隐私行为监控"按钮，如图 5-5-11 所示，单击"软件隐私权限管理"按钮，如图 5-5-12 所示。

图 5-5-11 触击"隐私行为控制"按钮

图 5-5-12 触击"软件隐私权限管理"按钮

步骤 3：进入"软件隐私权限管理"界面，操作方法和手机自带的权限管理设置方式一样，可以根据自己的习惯和需求进行权限设置，如图 5-5-13 所示。

图 5-5-13 "软件隐私权限管理"界面

知识链接

为了系统的稳定，尽量不要去修改手机自带应用的权限。系统自带的权限管理指的是手机的软件权限管理，如读取联系人、读取短信、发送信息、联网等的管理。每次安装软件的时候会有一个权限列表，要单击"下一步"按钮才能安装，这个列表中的内容就是此软件的权限。所以，这个权限管理不是 root。root 是最高权限。

root 用户是系统中唯一的超级管理员，它具有等同于操作系统的权限。一些需要修改权限的应用是需要 root 权限的。可问题在于，root 比操作系统的系统管理员功能更大，足以把整个系统的大部分文件删除，导致系统完全毁坏，不能再次使用。所以，用 root 进行不当的操作是相当危险的，轻微的会造成死机，严重的甚至不能开机。除非确实需要，一般情况下不推荐使用 root。

手机 root 后大部分手机售后不再保修，本任务的手机权限管理是手机暂时性的设置，只对购买手机后安装的应用进行设置，对系统最初存在的软件和系统文件无法进行修改。

项目小结

通过实施本项目的 5 个任务，读者应该对移动客户端软件的使用有了初步的了解。读者通过对 iTunes、微信、高德地图、Wi-Fi 热点设置、移动端权限管理软件的使用方法进行学习，不仅大大提高了工作和生活节奏，还为学习其他移动客户端软件打下了基础。